不是超能力但能见证奇迹的

魔术数学

庄惟栋 / 著

天津出版传媒集团

天津科学技术出版社

著作权合同登记号：图字 02-2020-109

《这不是超能力但能操控人心的魔数术学》中文简体版 2021 年通过四川一览文化传播广告有限公司代理，经墨刻出版股份有限公司授予北京今日今中图书销售中心在中国大陆独家出版、发行，非经书面同意，不得以任何形式，任意重制转载。本著作限于中国大陆地区发行。

图书在版编目 (CIP) 数据

不是超能力但能见证奇迹的魔术数学 / 庄惟栋著

. -- 天津：天津科学技术出版社，2021.10

ISBN 978-7-5576-9461-6

Ⅰ.①不… Ⅱ.①庄… Ⅲ.①数学 - 普及读物 Ⅳ.
① O1-49

中国版本图书馆 CIP 数据核字（2021）第 126307 号

不是超能力但能见证奇迹的魔术数学

BUSHI CHAONENGLI DAN NENG JIANZHENG QIJI DE MOSHU SHUXUE

总 策 划：北京今日今中

责任编辑：杜宇琪

出　　版：天津出版传媒集团
　　　　　天津科学技术出版社

地　　址：天津市西康路 35 号

邮　　编：300051

电　　话：(022) 23332695

网　　址：www.tjkjcbs.com.cn

发　　行：新华书店经销

印　　刷：北京印刷集团有限责任公司

开本 880×1230　1/32　印张 9　字数 200 000

2021 年 10 月第 1 版第 1 次印刷

定价：49.80 元

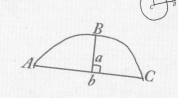

推荐序

解决生活难题的新《易经》
彰化师范大学教育研究所所长／林国桢先生

以漫画穿梭于数理情境之间，将数学魔术贯穿于科普故事之中，此书兼具趣味性与教育性，让数学不再艰涩难懂，犹如现代版的数学《易经》！

数学魔术的魅力
中国台湾师范大学数学系教授／洪万生先生

数学知识的独特之处，在于它虽然无法描述大自然，但在应用中却发挥了"不可思议的有效性"（incredible effectiveness）。不过，这种有效性通常都不会立刻显现。因此，数学如何能让无数的数学家"无怨无悔，终身以之"，这就恐怕与它对我辈不时地引发意想不到的惊奇（wonder）有关吧！

这种"惊奇"经常源自我辈极简单的推论，却得到出乎（直觉）意料的结果。事实上，我们一旦掌握了模式（pattern），通常可以经由简单的逻辑推论，洞察一般人难以想象、甚至看不见的数学世界真相。这种推论与直觉的对比，的确是数学这门学科所独有的，只是过去的数学家或数学教师或许对于数学的抽象过分拘谨，而不太习惯使用有趣的方式或手法，来分享世间处处皆惊奇的数学经验吧！

现在，基于对数学普及的深刻关怀，许多数学家及数学教师开始向魔术师取经，学习他们的"魔幻"手法，以真实而令人惊奇的数学魔术来引领数学科普活动。这种"双重惊奇"的叠加或相乘效果（magic+wonder），十分考验表演者的数学素养及魔术技巧。在 YouTube TED 上颇受欢迎的数学家亚瑟·本杰明（Arthur Benjamin），就是一个绝佳典范。如今国内也有一些有识之士正在将数学魔术从一种纯粹的娱乐表演，提升为一种有意义的数学知识活动（activity），本书作者庄惟栋老师就是其中的佼佼者。

惟栋精通魔术，我没想到他也是数学专业出身，因此，他自称"魔数师"，绝对当之无愧！不过，在这本书中，惟栋还讲述了一个非常动人的爱情故事，令人刮目相看。事实上，这本数学故事书的创作以叙事为纬，以魔术表演及其数学解说为经，后者可以各自独立，但借由前者连贯成为一体。也就是说，书中的魔术或数学已经融入故事情节（plot），成为欣赏这本书不可缺少的一环。

总之，这是一本相当精彩的数学书，书中角色各司其职，暖男型的主人公利用数学魔术来穿针引线，叙说数学领域的一个才子佳人的故事，让我们数学从业者感到十分欣慰。我也相信"数学＋魔术＋暖男"的形式，一定可以带给读者空前的惊喜和愉悦的享受，因此，本书值得我们郑重推荐！

难以抗拒的数学体验

中国台湾师范大学数学系教授／郭君逸先生

利用漫画和故事的形式来呈现数学魔术，提升科普数学的阅读乐趣，内容丰富，形式新颖，一定能给喜爱魔术的你带来别样的感受，也能让不喜欢数学的你，重新认识它的帅与美！

抚慰人心、让人快乐就是魔术的价值

UniMath 总编辑／陈宏宾先生

记得小时候第一次接触魔术，是小学三年级同学带来的魔术道具。只见他把硬币放在杯子上面，盖子盖起来，再掀开时硬币就消失了！这个简单的魔术，当时却令我激动不已，从此只要看见有人变魔术，我一定会上去围观，非常好奇背后的秘密究竟是什么。

从小到大，我看过许许多多的魔术，可从来没有想过魔术竟然可以跟数学联系起来。虽然也曾见过一两个数学魔术，不过，在遇到作者惟栋老师之前，我不相信有人可以把一个又一个数学公式变成精彩的魔术表演。惟栋老师却做到了！

这本书中有许多数学魔术，外包装是精美的魔术漫画，内容物是你未曾留意的数学原理。通过这样的组合来认识数学，是非常特别的体验，尤其对于数学不好的学生来说，我相信效果必定相当显著。

好友惟栋本身就是一位身体力行的数学教育实践者，他经常录制数学魔术表演的视频，而且常常在课堂上表演魔术，以激发学生的兴趣和求知欲望。这本书吸引我的，不仅是数学魔术，而且还有用魔术帮助身边人的故事，正如惟栋老师在教育现场所做的那样。

能够抚慰人心、让人快乐才是魔术珍贵的价值所在。

若你是个没有体验过数学乐趣的学生，我推荐这本书！

若你是个经常面对无精打采的学生的数学老师，我推荐这本书！

最后，向所有想要让身边的人幸福的人，推荐这本书！

见证奇迹的时刻
国际魔术大师 / 刘谦先生

看完这本书，你会觉得数学就是魔法，原来见证数学就是见证奇迹的时刻。

悠游于数学魔术的"动机锻造师"
中国台湾大学电机系教授 / 叶丙成先生

在我教书的前十年，我一直认为，教书教得好就是把课讲得清楚、有趣。我也不断地往这个方向努力。但努力十年后，我发现即使我把课讲得再清楚有趣，也还是会有学生无法进入学习状态。这让我非常苦恼，为什么教课教得精彩，还是无法让学生好好学习呢？

经过不断地反思，我终于领悟：如果学生对课程缺乏学习动机，老师的课就算讲得再清楚、再有趣，也是枉然。正因为这样的领悟，过去八年我一直在往这个方向努力，除了在自己的课堂上帮助学生找到学习动机，也希望让更多的中小学老师了解帮助学生建立学习动机的重要性。

我一直认为，在中学所有的科目当中，最不容易帮孩子找到学习动机的就是数学。其他的科目，或是能跟真实的人物或事迹联系起来，或是可以做实验来观察现象。但中学数学有许多内容都无法在日常生活中找到实际案例，因此很难建立学习动机。比如配方法、一元二次方程式等，这些都是比较抽象的内容，很难引起学生的兴趣。要让中学的孩子对数学有充分的学习动机，对老师而言，真的是很大的挑战。

在过去这些年接触过的数学老师中，惟栋是让我印象最深刻、也最为佩服的。他变得一手好魔术已是很不简单，但更不简单的是他能运用数学的理论，设计出一个个令人不可思议的魔术，让学生为之疯狂，并对魔术背后的数学原理产生兴趣。普通人可能以为将数学与魔术结合并不难，但我自己大学是数学系的，因此深知惟栋把这些对孩子来说相当枯燥的数学理论转化成为吸睛的魔术是多么困难！如果数学功力不深厚，即使再会变魔术，也无法开发出这么精彩的数学魔术。

过去几年，看到惟栋以魔术来启发孩子们对数学的学习动机，已让我惊艳不已。但自从看过他的书后，我对他更加佩服。用魔术激发孩子的学习兴趣，固然效果很棒，但这套模式最大的挑战在于会变魔术的老师实在太少，而有能力、有意愿学习魔术的老师又缺乏学习资源。

但是！就是这个但是！我没想到，惟栋居然会想到用漫画的方式，把他设计的一系列魔术传播出来。这本书不但老师看了很容易懂，学生看了也很容易学会。这真的非常棒。如果一个孩子能因为看了这本书而对魔术和数学产生兴趣，这比老师自己变魔术吸引学生更可贵。因为这完全是孩子自发性的动机，没有什么是比孩子自发地想学习更可贵的！

以前上大学时，我常看《全能住宅改造王》。节目一开始会介绍本集的建筑师，每个建筑师都有一个很有个性的外号。其中，最令我印象深刻的是一个叫"光与影的魔术师"的建筑师。看完惟栋的作品，我也绞尽脑汁给他想出一个外号：悠游于数学魔术的"动机锻造师"。

创造生活中的奇迹
中国台湾东华大学应用数学系副教授／魏泽人先生

很多大人对数学敬而远之，多半是因为学生时期的经验，不晓得数学能做什么。实际上，只要用正确的方式认识数学，就会知道，数学与真实世界充满着有趣的联系。

庄老师的专长，就是通过魔术的方式呈现数学的神奇魅力。而这本书除了魔术与数学外，还有充满悬念、妙趣横生的故事情节，同时配有漫画与图解，这些能让在多媒体世界成长的小孩感到亲切和熟悉。我相信，读者只要轻轻松松地读完整本书，就能感受到数学与魔术的魅力。

当然，更重要的是学以致用，练习书中的魔术，并试着在朋友面前表演。在你凭借表演而赢得掌声之后，就会对其中的数学原理有更深的理解。也许，不久之后，你也能像庄老师一样成为一个发明数学魔术的高手，在日常生活中创造奇迹。

数学是一种心甘情愿的享受

台南市新兴中学校长 / 苏恭弘先生

老师们都在用各自的方式培养学生对数学的兴趣，而能将数学与魔术完美结合、做到极致的，非惟栋老师莫属。

收到惟栋老师请我写推荐序的任务，虽然心中惶恐，但我还是大胆地答应了，因为阅读这本与众不同的数学书真的是一种享受。

数学+魔术+漫画+故事=魔术数学

这是一本非常特别的数学书，我更喜欢称之为"人生笔记"，因为它不仅讲解数学知识和魔术手法，而且更令人惊艳的是，作者在书中对于生活态度、家人亲情与职场应对等方面都有深刻的见解，令人着迷。

全书包含十八招魔术招式。男女主角魔数师与数学女孩，加上"加减乘除"四位人物，上演了一个个引人入胜的故事。书中以故事为线，通过常见的手机、旅游、工作等主题，将各种令人惊奇的魔术串联起来，再加上生动有趣的漫画，使读者欲罢不能。对于同时喜欢魔术与数学的读者及各年级的数学教师而言，这是一本难得的梦幻之书。

圆周率里的520

"如果有五个人想交换礼物，但是要保证都不能拿到自己的礼物，有几种可能？"这是高中数学中的排列组合问题。看到这些，相信很多读者已经合上书本，玩手机去了，但是作者巧妙地利用圣诞节交换礼物的情境，通过一个魔术就让读者兴致盎然地掌握了容斥原理，这就是本书的独特之处。再加上作者巧妙构思的故事情节，让读者时刻被男主角对女主角那一份用心所牵系，忍不住想一探圆周率中的"我爱你"。

有智慧的人运用行为心理创造双赢

在学校里，学生为分数而努力；在职场中，员工为业绩而卖命。是否有一种可以创造双赢的方式，让我们的生活过得更好？主人公魔数师 Steven 在"真话"一章里，完美地告诉了读者这是可能的。在这一章中，他通过双赢的策略，不仅免去了土地成本的开销，达成最后的目的，而且也多了一位好友。

阅读到此篇，我打从心里佩服作者的用心，如果我们在学校的教学或在家庭的对话中，多提供一些双赢的思路，社会的乱象必然会得以纾解。

众里寻他千百度，蓦然回首，那人却在灯火阑珊处

主人公魔数师 Steven 带领着读者进入他的青春岁月。他对数学女孩 Sharon 的那份情愫，虽没有说出口，却已在悉心的呵护与照顾中表露无遗。这种细腻的安排，让读者在不知不觉中进入魔数师 Steven 的世界，感受他的一切。

换位思考，灵活变化

身为一名数学老师，最常被问到的问题就是：数学在生活中有什么用途？为什么要学数学？这些都是困扰数学老师的问题。在"设计"一章中，"我拿笔，你拿钥匙，口袋是钱"这三句简单的话，因为主客体的易位，就可以有多种不同的意义，因此作者说："数学可以告诉我们选择的多样性；语言可以告诉我们选择的制约性。"这是强大的中文与数学的结合。个人认为，除了跨学科的结合之外，作者也提醒了大家一件重要的事，那就是当我们愿意换位思考时，许多问题都会迎刃而解。

谁说数学在生活中派不上用场呢？

如果您想学几招数学魔术来活跃气氛，不能错过这本书。

如果您想感受数学在生活中的有趣应用，不能错过这本书。

如果您想拥有一本能带给自己全新体会的书，更不能错过它。

历史课名师吕捷说："哥教的不是历史，是人性。"魔术数学说的不只是数学，更是对人生的体悟、对他人的尊重，以及对数学的热情。

本书非常值得您细细品味！

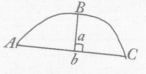

■ 自序

让数学成为可创造的美丽奇迹

作者 庄惟栋

　　笔者曾经自以为数学对任何人而言都是美妙而动人的，所以无法体会对数学恐惧的学子们的心情，这种态度直到患有英文恐惧症的我遇到一件趣事而有所改观……

　　有一天，我骑摩托车载着女儿外出，突然来了两位骑自行车、皮肤白皙、金发碧眼的年轻女孩。一看到外国人的面孔，我全身的肌肉突然紧绷、汗毛竖起，心里祈祷她们千万不要和我搭讪，因为我的英文水平太差了。但往往事与愿违，于是我只好生硬地挤出一句"How do you do？"还好她们的问题十分简单，我都能听懂，而且都能回答，但是不瞒各位，我已经用尽 60% 的英文功力了。

　　然后，我两眼盯着红绿灯，紧握油门，期待着红灯瞬间转绿。在这40 秒中，我如坐针毡，恨不得立刻狂奔而去。就在绿灯亮起的那一刻，我如获新生，兴奋地发挥出自己 80% 的英文功力,说出一句"Goodbye"后，便如箭一般冲刺出去。那种如释重负的感觉，就像沁凉的冰水浇在久受烈日炙烤的皮肤上，透心舒畅。我不禁偷瞥一眼后视镜，生怕对方是自行车好手，追上来再聊几句。

　　看到这一幕后，坐在后边的女儿终于忍不住笑出声来。看来，女儿是在嘲笑我这个患有英文恐惧症的父亲。我的玻璃心深受打击。等到下一个红灯时，我回头瞪了她一眼，没好气地说："亲爱的，你在笑爸爸吗？"

　　女儿手扶安全帽，侧头笑着对我说："启禀父皇，刚刚那个姐姐全程都在说中文啊！您是在躲什么啦？哈哈哈……"我自己也尴尬地笑了起来，回想刚刚发生的事情，才意识到我对英文的恐惧与排斥已经到了"无我"的最高境界。

自从这件事后，我就开始思考一个问题：如果学生对数学也有极度的恐惧症，我应该如何让他们克服恐惧并爱上数学呢？慢慢地，我有了一些思路，为学生制定出无惧、感受、喜欢、热爱、探究五个层次的目标，我在教学中也时刻反思，并以此作为自己教学的目标。

　　在这个过程中，我产生了揭示数学的美丽与魅力的想法，于是创作出这本与众不同的数学科普书（漫画＋故事＋数学魔术），让读者能从中感受到数学的无限魅力。对于学生来说，这是一本充满着刺激悬念与精彩魔术的书；对教师来说，这是一本数学魔术的参考书，一件件唾手可得的随身物品，就是完美的数学教具与魔术道具。即使是已经离开校园、不再上数学课的人，也可借鉴书中的实例和思路，发现生活中的问题，解决堆积已久的日常难题。

　　帮助读者领略数学的魅力，帮助学生重获学习数学的动力，这是这本书最大的目的与价值，也是笔者最大的期望。古希腊数学家普洛克拉斯曾说："哪里有数学，哪里就有美！"

　　最后，感谢家人、师长和朋友，多亏你们的帮助，我才能创作出这本集数学、故事、漫画、魔术于一体的书，同时也感谢读者的购买。我愿为你们献上自己最后 20% 的英文功力，向大家说一句 "Thank you"！

目录

Contents

第 1 招

手机增温术

3

iOS 手机的操作方式

打开计算器后，偷偷输入今天的日期，注意不要让观众看到！

原来要事先偷按！

接着将手机横放，变成科学计算器，输入 "+ 0 ×（"。

然后，再让大家来输入自己的生日日期……

现在不论输入什么日期，最后只要按下 "=" 键，就会出现一开始设定的数字。

第 1 招

10秒破冰术 赢得好人缘

大家在聚餐时，经常会出现冷场的时候。这时，许多人都会掏出手机来打发时间。这个高科技工具给我们带来通信的便利，却让我们失去了聚会的乐趣。这天，大家在聚会时，竟然都不约而同地拿出手机各玩各的。魔数师Steven（一位会玩魔术的数学老师，朋友们都这么称呼他）看着大家百无聊赖的样子，于是拿出手机，告诉大家手机的计算器有个很酷的新功能，可以算出好缘分的日期。大家眼睛一亮，顿时来了兴致……

"现在大家一起输入生日，比如我的生日是2月7日，就输入'0207×'。"魔数师Steven一边说，一边示范给大家看。

于是小加、乘乘、阿减、除爸分别输入"0921×""0123×""1123×"和"0602×"。

乘出来的数字非常大，甚至都用上了科学记数法来表示。这时魔数师Steven告诉大家，最后一个步骤就是除以大家上次见面的日子（例如：20180712），并按下"="键。

"哇！哇！怎么会这样！"

现场响起了此起彼落的惊呼声，惹得邻桌的人也好奇地凑了过来。现场的气氛瞬间升温，每个人都兴致盎然。

因为计算器上面出现的数字，正是此时此刻的日期……

6

$x=y^2$

$\pi \approx 3.14$

第**1**招

在大家的一再询问下，魔数师Steven讲解了这个魔术的操作方法，然后对大家说："下次聚会收起手机吧！别浪费我们相处的时间了！"于是大家纷纷点头表示赞同，放下手机，闲话家常，一起聊聊过去、现在和未来。

手机增温术变法大解密

方案一：iOS手机

❶ 打开计算器，偷偷输入今天的日期，例如：20180801。

❷ 将手机横放，变成科学计算器，输入"+0×("。现在不论输入什么，最后只要按下"="键，就会出现一开始设定的数字。

方案二：Android手机

❶ 下载科学计算器"RealCalc"。

❷ 打开计算器，偷偷输入今天的日期，例如：20180801。

❸ 输入"+0×("。现在不论输入什么，最后只要按下"="键，就会出现一开始设定的数字。

我们一起来变手机魔术吧！

用手机魔术唤起欢乐笑容

在面对亲朋好友时，如果你有"见一次、少一次"的体悟，那你必定会珍惜每一次相聚的机会！

假使你的父母现在60岁，平均寿命以80岁计算，并且你没有跟父母同住，那么，你每年见到父母的天数，大概是过年2天、中秋节1天、母亲节或父亲节1天，共4天。每天相处的时间大概是10小时，所以20年×4天×10小时=800小时。

也就是说，你这辈子和父母相处的日子只剩下33天……

回想人生旅途，一路走来，缘分来来去去。智能手机不该用来降低我们的生活温度，而应该用来提升我们的智慧。从今天开始，不要再用手机来疏远我们的距离，而要用手机来增进彼此的感情，让每一段缘分都记下这个魔术带给我们的欢乐笑容。

神秘的她

魔数师Steven在回家的路上，想着这些伤感的数字，下意识地拨弄手机上的电话号码，一不小心拨了出去，于是他赶快挂断。

不到30秒，电话那头回拨问道："你找我？"

魔数师Steven欲言又止，结结巴巴地说："啊！我想说圣诞节快到了，本来想约你和大家一起玩交换礼物的游戏，可是……我猜你那天一定会……所以我又赶紧把电话挂断了，不好意思，打扰到你了。"

魔数师Steven很礼貌地说声再见，然后挂掉电话，心里没有刚刚聚会时的开心，反而被一丝丝的忧郁缠绕。他突然有些失落，似乎既无力拨动自己的心弦，也无力拨动她的心弦。

这个神秘的她，四个邻居好友都知道，他们叫她"数学女孩Sharon"。大家都能感觉到，她和魔数师Steven是完美的一对儿，却不知为何，两人之间似乎存在着某种隔阂，至于两人到底有什么特别的故事，却从没听Steven说过。

Steven的魔术秘诀大公开

四则运算的基本法则：
先括号、再乘除、后加减

我们在进行四则运算时，为了方便分段计算，必须要遵守"括号优先、再乘除、后加减"的运算顺序。这个魔术就是利用这个数学运算的基本法则，把算式写成如下的形式：

$$x+0\times(\quad)$$

因为所有人的生日都在括号内，乘以0后必为0，所以$x+0=x$，计算器最后显示的还是原来的数字。

利用这个原理也能巧妙地得到对方的电话号码，例如：事先输入自己的电话号码，然后请对方输入自己的电话号码，再乘以生日、乘以车牌号、乘以……

最后请观众除以自己的生日。

当按下"＝"键，计算器就会跳出一组电话号码。请对方拨打该号码，并告诉他拨打这个号码就可以找到生命中的贵人。当他拨通时，你的手机就响了起来。

利用苹果手机（iPhone）上的计算器，我们还可以玩一个脑筋急转弯游戏：

魔数师Steven打开自己手机上的计算器应用程序，然后让朋友看一下上面的数字，屏幕上显示的数字是66666。

魔数师Steven询问朋友：如何让66666瞬间变成99999呢？

99%的朋友都会回答：把计算器翻转180°就好了。

魔数师Steven：聪明！但是……（用手摇动一下手机。）

朋友：哇！

不知道什么时候，计算器显示的数字真的变成99999了。

方法：

事先输入"33333+66666"，此时屏幕上只会显示66666。

趁朋友自鸣得意不注意时，偷按一下"="键，就会得到99999。

手机魔温术你们都学会了吗？

OK

第2招

斗智必胜术

小加，你知道为什么会选择15这个数字作为胜负的条件吗？

$1+2+3+4+5+6+7+8+9=(1+9)×9÷2=45$

1~9这九个数的总和是45，$45÷3=15$

嗯……

把数字填入九宫格，各行、各列、对角线的组合皆为15，总共有8种组合。

8	1	6
3	5	7
4	9	2

就如同三子棋游戏一样，先连成一线的总和是15，就赢得比赛。

三子棋游戏？这我会玩，但有这么简单吗？

没错，所以这个游戏的关键就在于结合三子棋游戏！

策略一

第一种策略是先选5，对手取奇数，则我方胜。

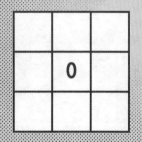

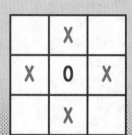

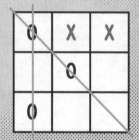

15

善用九宫格策略
至少确保不会输

魔数师 Steven 刚下班回来，小加便急匆匆地拉住他，哭丧着脸说："Steven，我们采访组要一起玩游戏，你快帮我，不然我就不能参加圣诞节交换礼物的活动了。"

魔数师 Steven 是这层楼的管理员，无论大事小事，大家都喜欢找他解决。这层楼一共住了五个人，大家既是好邻居，也是好朋友。Steven 虽然疲惫不堪，但还是耐着性子听完了小加的话。

小加说："我们组长喜欢玩一种叫抢15的游戏，虽然这个游戏只用到加法，但我这个新人经验不足，每玩必输。这次要是输了就得留守值班，就不能参加交换礼物的活动了。Steven，这种游戏是不是有什么诀窍啊？"

游戏比赛必定有输有赢！有趣的游戏不仅仅要靠点儿运气，也要靠一点儿实力。只要手边有几张纸或几张扑克牌，就可以玩这个游戏，用它来比赛输赢确实比"剪刀石头布"有趣多了。

"你可以跟我说说游戏规则吗？" 魔数师 Steven 听完后，不紧不慢地问。

于是小加解释说："他们叫它抢15游戏，只需要1~9九张扑克牌。规则是这样的……"

❶ 双方先猜拳决定谁先取牌。

❷ 每人每次取一张牌，每次思考时间不得超过 10 秒。

❸ 轮流取牌。

❹ 只要手上任意三张牌的点数之和为 15，即为获胜方。

Steven 和小加玩了几局，除了少数和局之外，Steven 基本都获胜了！其中有一局的情形是这样的：

魔数师 Steven 取 2，小加取 5；

魔数师 Steven 取 8，小加取 6；

魔数师 Steven 取 4，小加取 3；

魔数师 Steven 取 9（得到 2+4+9=15），获得胜利！

小加不服气地说："哼！早知道我就取 9 啦。"

魔数师 Steven 笑着问道："你若真的取 9，就不会输了吗？"

小加停下来想了一会儿，若有所悟地说："我若取 9，你取 3，我还是会输。看来这个游戏果然有必胜策略！"

魔数师 Steven 微微一笑，说道："也不能说是必胜，但是一定可以做到不输。不过要是一方懂得策略，另一方不懂，也差不多可以说是必胜了。"

人生的快乐在于尽情享受获胜的成就感

魔数师 Steven 很喜欢玩桌游，也常常结合数学教学发明一些独特的桌游。对他来说，这些充满智慧与乐趣的桌游是救回被电脑、手机和电视绑架的家人和朋友的秘密法宝。喜欢赢是人的天性，而

斗智必胜术变法大解密

抢15游戏

❶ 随意取9张纸，并分别写上1~9九个数字，或是取1~9九张扑克牌。

❷ 游戏双方轮流取牌，一次一张。

❸ 手中任意三张牌的点数之和为15，即为赢家。

先自己试玩一下，看看你是否能找到其中的规律。

获胜带来的成就感与快乐，可以取代冰冷的虚拟网络，提升人与人之间的温度。想当年，Steven 和几个数学游戏爱好者既互相对战竞争，又互相指导学习，那段时光真是好不快乐呀！

魔数师 Steven 想起自己好久没和那群游戏死党玩游戏了，于是便迫不及待地把这个游戏分享给通讯录里的朋友。随后他联系上了神秘的数学女孩 Sharon，并通过电脑视频和她玩这个游戏。结果数学女孩 Sharon 只输了第一局，后面十几局两人都是和局。

魔数师 Steven 惊讶地说："你第一次玩，竟然这么快就掌握了方法！"

数学女孩 Sharon 平静地说："这个抢 15 游戏有策略、有推理，虽然看起来只是简单的加法游戏，但却运用了算术平均数、等差级数、中位数等数学知识点，并结合了三子棋游戏的策略。这个游戏若双方都知道策略，那两人永远都会和局，难以分出胜负。在这种情况下，只好把牌盖起来，靠运气决定胜负啦！"

魔数师 Steven 不禁夸赞道："不愧是传说中的数学女孩，这么年轻的数学教授果然不是普通人。"

数学女孩 Sharon 露出难得的笑容，谦虚地说："但是，我第一局就输了啊！你这个天才夸我，我可不敢当。"

魔数师 Steven 红着脸说："我胜之不武！我先取 5，其余四张奇数牌就是地雷。我再将扑克牌洗乱后排列成下图所示，让奇数牌面的面积变大，这样你就会很容易取走奇数牌，这是一种心理控制的应用。就像商场的广告墙上，商品面积越大就越有优势。"

数学女孩 Sharon 收敛笑容说："原来如此。有点儿晚了，先说晚安了，谢谢你介绍这么有趣的游戏。再见！"

魔数师 Steven 轻轻说了一声再见，直到对方的视频全灭后，才依依不舍地关上了电脑……

不是超能力
但能见证奇迹的

魔术数学

掌握幻方游戏的技巧，
你也可以赢得漂亮

8	1	6
3	5	7
4	9	2

Q1. 为什么用15这个数字作为胜负条件?

1+2+3+4+5+6+7+8+9=(1+9)×9÷2=45

1~9这九个数的总和是45，45÷3=15

所以分配给三组后，各行、各列以及对角线各数之和皆为15，总共有8种组合。

Q2. 和为15的8种组合都有哪些?

(8, 1, 6)、(3, 5, 7)、(4, 9, 2)、(8, 3, 4)、(1, 5, 9)、(6, 7, 2)、(8, 5, 2)、(6, 5, 4)

Q3. 哪一张牌最关键?

从上一题的答案以及下表可以明显看出，5的组合最多。

先手取5，对手若取奇数则我方必胜。

8	1	6
3	5	7
4	9	2

Q4. 有无较佳的策略?

九宫格的策略和三子棋游戏的策略一样。

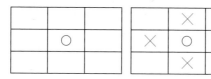

策略一是先手取5，只要对手取的牌为这四个区域（×表示奇数），我方就可获胜了。

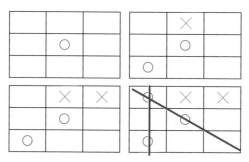

发现了吗？我们可以发展出两条路线，这时候×已经无法阻断○形成一条线了。

策略二是首取偶数牌，对手若取5，则我方再取与手中牌点数之和为10的牌。若此时对手取偶数牌，则我方必胜。

 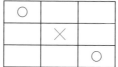 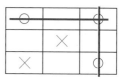

这个方法也能发展出两条路线来取胜。

Q5. 如何通过数字来看待上述策略？

8	1	6
3	5	7
4	9	2

第一种策略：先手取5。

只要对手取走奇数牌，我们任意取一张偶数牌，就能立于不败之地了。

8	1	6
3	5	7
4	9	2

另外一种策略：先手取8，后手取5，先手再取2。（8+2=10）

后手此次只要取偶数牌，先手就必胜了。

当对手被你用第一种策略击败几局后，便会发现5与偶数为王牌。这时，我们便可以利用他的这种心理，把5和偶数牌留给他取，然后采用这种策略来取胜。

Q6. 填写九宫格这类幻方游戏有什么技巧吗？

1必须配上14，而14为6+8或5+9。只有两条路径，所以1不能写在角落或中央，剩下四个边格都一样，因为九宫格可以旋转。5是最多组合的，必然在中央。

	1	
	5	

另一方面，若要使每组数字之和相同，则大不能配大、小不能配小，例如1和2就不会是同一组，因此2必定不会和1同行同列。

下面我告诉大家一个填写九宫格的口诀：

> 1居上行正中央，依次斜填切莫忘，
> 上出框界往下写，右出框时左边放，
> 重复便在下格填，出角重复一个样。

"1居上行正中央"是指数字1放在首行最中间的格子中；"依次斜填切莫忘"是说向右上角斜行，依次填入数字；"上出框界往下写"的意思是如果右上方向出了上边界，就以出框后的虚拟方格位置为基准，将数字竖直降落至底行对应的格子中；"右出框时左边放"的意思是如果右边出了边界，就以出框后的虚拟方格位置为基准，将数字平移至最左列对应的格子中；"重复便在下格填"是指如果数字N右上的格子已被其他数字占领，就将（N+1）填在N下面的格子中；"出角重复一个样"是指如果朝右上角出界，和"重复"的情况做同样处理。

确定好1的位置后，往右上方填2，因为出了上边界，所以将2竖直降至底行的格子中。然后往2的右上方填3，因为出了右边界，所以将3平移至最左列的格子中。再往3的右上方填4，由于右上方已经有数字1了，所以将4填在3的下面。后边的数字以此类推。

			9	2	7		
		8	1	6	8		
		3	5	7	3		
		4	9	2			

Q7. 怎样填写25宫格?

17	24	1	8	15
23	5	7	14	16
4	6	13	20	22
10	12	19	21	3
11	18	25	2	9

具体方法和九宫格一样。

Q8. 承Q7，25宫格的每一行列和是多少?

(1+25)×25÷2=325

325÷5=65

即每一行的数字之和是65。

你会发现，中心点的数字是整体的中位数（也是等差中项），即
(1+25)÷2=13。

九宫格也是如此，中心数字是5，即(1+9)÷2=5。

只要掌握了书中的这两个策略，下次再和别人玩抢15的游戏，就能轻松获胜了。一开始你可能对九宫格的数字组合不太熟悉，需要做小抄，但熟练之后便会得心应手。怎么样? 很有趣吧! 希望你保持好奇，多多钻研，成为一名探究数学奥秘、享受数学奥妙的魔数师!

第**3**招

交换礼物

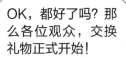

OK，都好了吗？那么各位观众，交换礼物正式开始！

请大家抽出信封里的图卡，并且与刚才挑选的图卡比对。

哪个信封内的图卡与你的图卡相对应，该礼物就是你的啦！

唉……这……

阿减的信封内有锁头的图卡，和我的 ⚷ 对应。

嘿嘿嘿……

除爸的信封内有世界地图，所以我抽到了除爸送的礼物……

YES!!

小加礼物的信封中有耳机图案，和我的 ♫ 是一对，真幸运啊！

又互换？真的假的？

黑蜘蛛在乘乘的信封内，跟我的图卡对应……

我送的礼物很赞喔！

所以与 🧍 配对的图案 🧍 是由Steven提供的……

太神奇了，Steven！

可以告诉我这是怎么办到的吗？

什么啊，你正经点啦！

希望一辈子都能拿到小加为我准备的礼物……

哈哈哈……我可以教你如何抽到小加的礼物，但你也要问问小加，她愿不愿意让你抽到她的礼物……

方法其实很简单……

哼!!!

!?

我们先做两组相对应的图卡，一组放进信封，另一组错位一个信封后贴在信封外，如同表格所示，这样大家就永远都不会抽到自己的礼物了。

| 信封外 | 🔑 | 🎵 | 🌍 | 🧍 | 🕸️ |
| 信封内 | 🎧 | 🗺️ | 👩 | 🕷️ | 🔒 |

喔！所以信封外的图卡和信封内的图卡永远都错位一格。

我们再用数字编号来解释一下，这样会比较直观，也比较好理解。

| 1 | 2 | 3 | 4 | 5 | 6 |
| 2 | 3 | 4 | 5 | 6 | 1 |

发现了吗？我们使号码上下错排一格，这样就不会拿到自己的礼物了。

只是数字总令人觉得有公式存在，这样会让大家失去互换礼物的那种惊喜感。

因此解决方案就是用可爱的图案来取代数字，这样严肃的数学感就不见了。

Steven!
话说回来……我和阿减互相抽到彼此的礼物，该不会是你动的手脚吧？

唉……那个……阿减私下特别拜托过我啦……哈哈……

只要安排你和阿减为一组做错位，乘乘、除爸和我三个人同组互相错位就可以了。

就像这样：

自己号码	1	2	3	4	5
自己选卡（信封外）	🔑	🎵	🌍	🧍	🕸️
礼物号码	2	1	5	3	4
礼物卡片（信封内）	🎧	🔒	🕷️	🗺️	🧍‍♀️

学会这个交换礼物的方法，不仅不会抽到自己的礼物，还可以控制交换礼物的结果。

像我最喜欢乘乘的创意，还有她从各国带回来的小玩意儿，所以一开始就设定想拿到她的礼物。

抗议！

对了，除爸……

这是暗箱操作！我也想要乘乘的礼物！

下周旅行时，就用这个方法来抽车钥匙，到时乘乘的部分就……（如此……这般……）

如何？

都靠你了，兄弟！

第3招
改变事物排序
就能逆转结局

圣诞节到了。和往年一样，小加、阿减、乘乘、除爸和魔数师 Steven五个人准备玩交换礼物的游戏。

去年交换礼物时，阿减当主持人，结果自己拿到了自己的礼物。当时场面有些尴尬，是小加拿自己获得的礼物与阿减进行交换，才解决了当时的窘境。

魔数师 Steven告诉大家，拿到自己礼物这件事的概率可是不低哟……

今年交换礼物的活动由魔数师 Steven 主持，大家都充满了期待，既期待自己会得到什么礼物，更期待他怎么解决抽到自己礼物的问题。

魔数师 Steven 拿出五个信封。五个信封上面分别粘有一张卡片，里面也各有一张卡片，信封的背面都粘有未撕下的双面胶。

魔数师 Steven 请大家选择自己喜欢的卡片图案，并将粘有该卡片的信封放进口袋（这时大家还不知道自己信封内的卡片图案是什么），大家选剩的信封是 Steven 的。最后大家选择的结果如下：

| 小加 | 阿减 | 乘乘 | 除爸 | Steven |

然后，魔数师Steven要大家撕下自己信封背面的双面胶，将信封贴到自己的礼物上。

　　接下来才是游戏的高潮。大家拿着自己的卡片，去查看每一个礼物上的信封，把信封内的卡片抽出，如果哪个礼物上信封内卡片的图案与手中的卡片图案相对应，那么这个礼物就是自己的了。

　　以下为信封内的卡片：

　　哇！每个人都与其他人交换了礼物，而且喜欢小加的宅男阿减，恰好和小加交换礼物，这让两人的关系增温不少。这次没有出现有人拿到自己礼物的尴尬场景，这让大家都很开心。到底是今年特别幸运呢，还是主持人魔数师Steven又施了什么神奇的数学魔法呢？

交换礼物变法大解密

　　圣诞节与跨年聚会中最流行的活动就是交换礼物。可在交换礼物的活动中，经常会出现有人拿到自己礼物的情况，真是大煞风景。虽然可以再拿着自己的礼物找人交换，但总是有些尴尬。要知道，自己拿到自己的礼物这种事的概率还不低呢！

如果四个人交换礼物的话，最好该怎么交换呢？

信封内的卡片	你是1	你是2	你是3	你是4
自己选的卡片	拿2礼	拿3礼	拿4礼	拿1礼

　　我们先简单假设只有四个人，把四张纸片裁成上下两联。你是1、你是2……这一联放在信封内，并将信封贴在礼物上，下联撕下来拿在手上，等一下把每个信封内的礼物号码打开，每人根据号码拿礼物。

　　有点儿不好理解吧？我们先用数字编号来解释一下，这样会比较直观且好理解。

$$1 \quad 2 \quad 3 \quad 4 \quad 5 \quad 6 \quad 7 \quad 8 \quad 9 \quad 10$$
$$2 \quad 3 \quad 4 \quad 5 \quad 6 \quad 7 \quad 8 \quad 9 \quad 10 \quad 1$$

发现了吗？我们使号码全部错排一格，这样大家就不会拿到自己的礼物。可是数字总令人觉得有公式存在，而且这样的排法容易让人看出破绽，从而失去互换礼物带来的惊喜。毕竟当游戏结束后，大家就会知道自己的礼物被前一号拿到。虽然号码是自己抽的，但是一般人看到数字，就会有一种被设计的感觉及印象。

那该怎么办呢？方法很简单，就是把数字换成图案，这样数字感也就消失了。

把1~10换成动物、星座、图腾、水果、卡通、有趣的文字等图案。使用图案会减少游戏的数学气息，让大家察觉不到其中的奥秘。

另外，通过事先安排，我们可以控制某几组礼物的交换结果，制造一些惊喜，恰好契合了互换礼物游戏的巧合气氛。就如同下表的排法，小加和阿减互换礼物，后面的三人3、4、5，错位一格变成5、3、4，这样一来，每个人都不会拿到自己的礼物。

自己的号码	1	2	3	4	5
自己选卡 (信封外)	🗝 小加	🎵 阿减	🌐 乘乘	🧍 除爸	🕸 Steven
礼物号码	2	1	5	3	4
礼物卡片 (信封内)	🎧 小加	🔒 阿减	🕷 乘乘	🗺 除爸	🧍 Steven

纸牌和硬币的数学魔术

应用同样的数学原理，我们还可以玩一些其他的数学魔术。

请准备1角、5角、1元三枚硬币以及A、5、10三张纸牌。

等魔数师Steven转身过去后，请一位观众把三张纸牌分别盖在三枚硬币上面。魔数师Steven会事先提醒大家，纸牌和硬币的数字不要一样（即纸牌A下面不能放1角，纸牌5下面不能放5角，纸牌10下面不能放1元），这样才能增加魔术的难度。

等观众盖好后，魔数师Steven拿着手机转过身来说："你确定每张牌下都盖有一枚硬币吧？"（顺手滑开一张牌确认，但没有把牌翻面。）

然后魔数师Steven打开手机中的照片说："这就是我的预言。"

大家打开纸牌后，发现结果与手机中的照片竟然一模一样，都为此惊叹不已。

其实，这个魔术很简单，只需按照下面的方法操作即可。

❶ 在纸牌A的背面做上小记号。（可以用铅笔点一个点，或轻轻折个角。）

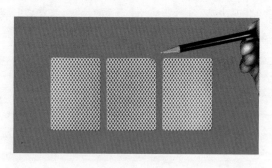

❷ 出现的牌型只有以下两种。

第一种牌型

第二种牌型

我们也可以通过表格来观察上面出现的牌型。

	1角	5角	1元
牌型一	5	10	A
牌型二	10	A	5

那怎么知道是第一种牌型还是第二种牌型呢？

魔数师Steven转身回来时，故意推开一张牌（做记号的A）确认，看看底下放的是哪枚硬币。

这时候就可以确认是哪一种牌型了，然后再在手机上显示出相应的照片。

此图就是牌型二的情况，我们只需确认一张牌就可以知道。

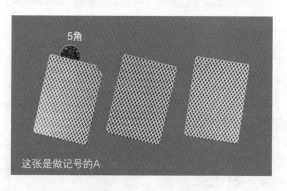

5角

这张是做记号的A

这个数学魔术是不是既简单又有趣呢？大家以后玩交换礼物的游戏，是不是有特别的想法了呢？到时，你可以骄傲地说："只要经过我的精心安排，保证不会有人抽到自己的礼物。"别人可不敢这样保证，毕竟抽到自己礼物的概率可是很高的。四个人以上交换礼物时，出现有人拿到自己礼物的概率会高达63%，可见交换礼物游戏能够圆满成功可不是一件容易的事哦！

控制所有人的选择

魔数师 Steven 无心留恋校园内的欢乐气氛，默默地穿过校园中拥挤的人流，带着圣诞礼物去找以前的大学同学——数学女孩 Sharon。数学女孩 Sharon 如今在一所大学的数学系任教，是一位外冷内热的美女教授。Steven 陪着数学女孩 Sharon 在研究室里一边吃简单的圣诞晚餐，一边分享今天发生在交换礼物活动中的开心事。

数学女孩 Sharon 问道："小加和阿减互换礼物，不是巧合吧?"

"呵呵！你是怎么知道的?"

"女人的直觉！"

"嗯！是我控制的。或者说，我控制了所有人的选择！"

"太夸张了！但是我相信你办得到。可以告诉我你是怎么做到的吗?"

魔数师 Steven 笑了笑说："只是好朋友之间互相了解而已！阿减是个宅男，兴趣是宅在家里听音乐，他收藏有很多黑胶唱片，我在一张卡片上设计出音符图案，相信他一定会取那一张。小加是一名记者，很喜欢通过推理挖掘新闻线索，还喜欢玩密室逃脱游戏，又习惯佩戴钥匙造型的项链，我故意给出一张钥匙图案的卡片，她一定会选择的。乘乘是位知名博主，全世界新奇好玩的东西她都想拥有，她的博客封面就是一个大地球，所以她应该会选择地球图案。除爸是个汉子，平时很照顾大家，除了我以外，他一定是最后选的，他有一个小弱点，就是怕蜘蛛，所以蜘蛛网图案的卡片必定会留给我。"

不是超能力
但能见证奇迹的

魔术数学

魔数师 Steven 充满自信地继续说道："大家一开始就被卡片图案制约了，虽然我把数字拿掉，改成图案，但是对我来说，它们就像数字一样有规律，一切都在我的掌握中！我最喜欢乘乘的创意，还有她从世界各国带回来的小玩意儿，因此我一开始就想拿到她的礼物。"

数学女孩 Sharon 感叹道："哇！你好可怕！"

魔数师 Steven 嘟嘴撒娇说："喂！大家玩得都很开心耶！"

数学女孩 Sharon 看着眼前像小孩一样开心的魔数师 Steven，打趣说："就是这样才可怕！大家都开心地以为自己做出了选择，结果是你在控制一切。哈哈！你好可怕。"

数学女孩 Sharon 继续问："如果事情的发展没有按照你想的那样，大家没想太多，都是随意抽取，那该怎么办呢？"

魔数师 Steven 回答说："我能不能拿到乘乘的礼物，就交给幸运女神决定吧！但是我保证能做到两点就行了，一是小加与阿减两人互换礼物，二是大家都不会拿到自己的礼物。"

"若小加与阿减也是随意抽取卡片呢？"

"那我也会用魔法换走他们的卡片！你知道我有这样的能力的。现在时间晚了，我先走了。你今天在这里，注意安全，若要人陪，随时给我打电话。"

数学女孩 Sharon 将魔数师 Steven 送到门口说："谢谢你的圣诞晚餐和礼物，可是……我没给你准备礼物。"

基于一些原因，数学女孩 Sharon 明明知道魔数师 Steven 的情意，却又有意表现出冷淡的样子。

"没关系，我现在想告诉你的三个字是在你书架上那本《圆

周率之书》里的第 322~324 位！希望有一天我可以等到你的第
325~327 位。"【注1】

送走 Steven 后，数学女孩 Sharon 看着校园内成双成对的情
侣牵着手，开心地享受着他们的舞会，心里默默地背出圆周率第
322~324 位 881（网络用语"bye bye"），他们两个人心里都知
道，第325~327位代表的是暂时说不出口的话！

如果你以为世界上不会有这种只有数字的书，那你可以上网查
询一下有关π的书。日本出版社暗黑通信团就出版了一本《圆周率
之书》。这本书只有一个内容，就是将圆周率小数点后 100 万位的
数字全部列出，想要知道第 7890 位数是多少，翻翻这本书就可以
查到！这个特别的出版社还出过质数、无限级数、连分数等专业书
籍，里面也都是只有数字而已，一本定价 314 日元，而且销售量好
得出奇。许多数学爱好者买来收藏或是赠送朋友，欧美各国也仿效
印制（没有版权），一样大受欢迎。

世上真的有人会去背这种东西？请看看这则报道。

二十四岁的吕超是西北农林科技大学的化学硕士，他花了二十
四小时零四分，毫无差错地背诵到圆周率小数点后第六万七千八百
九十位，打破之前的吉尼斯世界纪录。先前背诵圆周率的吉尼斯世
界纪录保持者是日本人友寄英哲，他在 1995 年背到了小数点后第
四万两千一百九十五位。

注释

【注1】
如果你想知道圆周率的第几位是什么数字，可以查询https://pi.911cha.com。

魔术数学

不是超能力
但能见证奇迹的

Steven的魔术秘诀大公开

容斥原理让生活变得更有趣

在数学中，若一个排列使得所有的元素都不在原来的位置上，则称这个排列为错排。这是高中数学中的排列组合知识，而确保每个人在交换礼物的游戏中不会拿到自己的礼物，就属于错排问题。

参加交换礼物游戏的人数从1逐增到10人时，无人拿到自己礼物的错排数分别如下：0, 1, 2, 9, 44, 265, 1854, 14833, 133496, 1334961

（高中考试中多考5人以内的情况，因为后面的数字太大，所以考试一般不会涉及。但这个问题很有趣，在生活中也很有用，值得我们玩味和探究一番。）

我们先通过表格来看一下错排问题的现实应用（交换礼物游戏），然后再分析它的计算方法。

人数	交换礼物的总情况	不拿到自己礼物的情况	不拿到自己礼物的概率	拿到自己礼物的概率
1	1	0	0	1
2	2	1	0.5	0.5
3	6	2	0.333	0.667
4	24	9	0.375	0.625
5	120	44	0.367	0.633
6	720	265	0.368	0.632
7	5040	1854	0.368	0.632
8	40320	14833	0.368	0.632
9	362880	133496	0.368	0.632
10	3628800	1334961	0.368	0.632
11	39916800	14684570	0.368	0.632
12	479001600	176214841	0.368	0.632
13	6227020800	2290792932	0.368	0.632
14	87178291200	32071101049	0.368	0.632
15	1307674368000	481066515734	0.368	0.632

若参加人数为n人，则交换礼物的总情况数为：

$n! = n \times (n-1) \times (n-2) \times \cdots \times 3 \times 2 \times 1$

无人拿到自己礼物的情况，也就是错排的组合数。

通过前面的表格我们发现，交换礼物后，参与活动的人都没拿到自己礼物的概率约为**36.8%**，这也太低了吧！换句话说，有人拿到自己准备的礼物的概率为**63.2%**，这种尴尬场面发生的概率太高了。

下面我们用容斥原理来分析一下这个问题。

容斥原理：

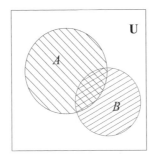

$A \cup B$：A或B（两个圆圈内的部分）

$A \cap B$：A且B（两个圆圈交集的部分）

$(A \cup B)'$：不是A也不是B（两个圆圈外的部分）

$n(A \cup B)$：A或B的个数

$n[(A \cup B)']$：不是A也不是B的个数

$$n(A \cup B) = n(A) + n(B) \underbrace{-n(A \cap B)}_{\text{扣掉重复加}}$$

$$n[(A \cup B)'] = \underbrace{n(U)}_{\text{全部}} - n(A \cup B) = n(U) - n(A) - n(B) \underbrace{+n(A \cap B)}_{\text{加回重复扣}}$$

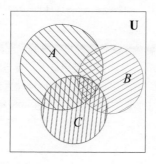

$$n(A\cup B\cup C) = n(A) + n(B) + n(C)$$
$$-n(A\cap B) - n(B\cap C) - n(A\cap C)$$
$$+n(A\cap B\cap C)$$

$$n[(A\cup B\cup C)'] = n(U) - n(A\cup B\cup C)$$
$$= n(U) - n(A) - n(B) - n(C)$$
$$+n(A\cap B) + n(B\cap C) + n(A\cap C)$$
$$-n(A\cap B\cap C)$$

无人拿到自己礼物的情况是怎么算出来的？我们来计算一下。

2个人：甲带的礼物是1，乙带的礼物是2。

任抽 – （甲拿1）–（乙拿2）+（甲拿1且乙拿2）

=2-1-1+1

=1×2!-2×1!+1×0!

=C(2,0)×2!（有0人选到自己的礼物，其他2人任意选）

－C(2,1)×1！（有1人选到自己的礼物，其他1人任意选）

＋C(2,2)×0！（有2人选到自己的礼物，其他0人任意选）

＝1（1种）

其中 C_r^n 表示组合，意思是在 n 个数字中要选取 r 个的方法数。

$$C_r^n = \frac{n!}{(n-r)!\, r!} = \frac{n(n-1)(n-2)\cdots(n-r+1)}{1\times 2\times 3\times \cdots \times r}$$

在网络上为了打字方便，有时也写成 $C(n,r)$。

3个人：甲带的礼物是1，乙带的礼物是2，丙带的礼物是3。

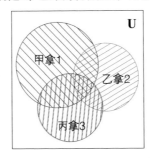

任抽－（甲拿1）－（乙拿2）－（丙拿3）

＋（甲拿1且乙拿2）＋（乙拿2且丙拿3）＋（甲拿1且丙拿3）

－（甲拿1且乙拿2且丙拿3）

＝1×3！－3×2！＋3×1！－1×0！

＝C(3,0)×3！（有0人选到自己的礼物，其他3人任意选）

　　－C(3,1)×2！（有1人选到自己的礼物，其他2人任意选）

　　＋C(3,2)×1！（有2人选到自己的礼物，其他1人任意选）

　　－C(3,3)×0！（有3人选到自己的礼物，其他0人任意选）

＝6－6＋3－1＝2（2种）

以此类推，4个人的情形为：

C(4,0)×4！：（有0人选到自己的礼物，其他4人任意选）＝24

C(4,1)×3！：（有1人选到自己的礼物，其他3人任意选）＝24

C(4,2)×2！：（有2人选到自己的礼物，其他2人任意选）＝12

C(4,3)×1！：（有3人选到自己的礼物，其他1人任意选）＝4

C(4,4)×0!：（有4人选到自己的礼物，其他0人任意选）=1
24-24+12-4+1=9（9种）

5个人的情形为：
C(5,0)×5!：（有0人选到自己的礼物，其他5人任意选）=120
C(5,1)×4!：（有1人选到自己的礼物，其他4人任意选）=120
C(5,2)×3!：（有2人选到自己的礼物，其他3人任意选）=60
C(5,3)×2!：（有3人选到自己的礼物，其他2人任意选）=20
C(5,4)×1!：（有4人选到自己的礼物，其他1人任意选）=5
C(5,5)×0!：（有5人选到自己的礼物，其他0人任意选）=1
120-120+60-20+5-1=44（44种）

常见高中数学题型应用：

将1~6这六个数字排列出来，每个数字不能重复，且第一个数字不
能填1，第二个数字不能填2，以此类推……请问共有多少种排法？

总共的排法有：

C(6,0)×6!-C(6,1)×5!+C(6,2)×4!-C(6,3)×3!+C(6,4)×2!
-C(6,5)×1!+C(6,6)×0!=265

运算C(n,r)的系数值，可以发现它和帕斯卡三角形有关。读者可以
查询一下二项式定理，因为我们从中可以知道，为什么三角形的每一横
列之和恰为2^0、2^1、2^2、2^3、2^4……2^n。

```
                        1
                      1   1
                    1   2   1
                  1   3   3   1
                1   4   6   4   1
              1   5  10  10   5   1
            1   6  15  20  15   6   1
          1   7  21  35  35  21   7   1
        1   8  28  56  70  56  28   8   1
      1   9  36  84 126 126  84  36   9   1
    1  10  45 120 210 252 210 120  45  10   1
  1  11  55 165 330 462 462 330 165  55  11   1
1  12  66 220 495 792 924 792 495 220  66  12   1
```

3人错排系数是 1 3 3 1

4人错排系数是 1 4 6 4 1

5人错排系数是 1 5 10 10 5 1

6人错排系数是 1 6 15 20 15 6 1

……

（三角形的每一个数字都是它头上两个数字相加而得，是不是很有趣呢？离题了，我们还是回到错排问题吧！）

如果把这样的错排公式推论延伸，错位排列数的公式可以简化为 $\left\lfloor \frac{n!}{e} + 0.5 \right\rfloor$，其中的 $\lfloor n \rfloor$ 为高斯取整函数（小于等于 n 的最大整数）。

这个简化公式可以由之前的错排公式推导出来。事实上，考虑指数函数在 0 处的泰勒展开：

$$e^{-1} = 1 + \frac{(-1)^1}{1!} + \frac{(-1)^2}{2!} + \cdots + (-1)^n \frac{1}{n!} + \frac{e^{-c}}{(n-1)!}(c-1)^n$$

$$= \frac{1}{2!} - \frac{1}{3!} + \cdots + (-1)^n \frac{1}{n!} + R_n = \frac{D_n}{n!} + R_n$$

所以，$\frac{n!}{e} - D_n = n! R_n$。其中 R_n 是泰勒展开的余项，c 是介于 0 和 1 之间的某个实数。R_n 的绝对值上限为 $|R_n| \leqslant \frac{e^0}{(n+1)!} = \frac{1}{(n+1)!}$，则 $\left| \frac{n!}{e} - D_n \right| \leqslant \frac{n!}{(n+1)!} = \frac{1}{n+1}$。

当 $n \geqslant 2$，$\frac{1}{n+1}$ 严格小于 0.5，所以 $D_n = n! \left(\frac{1}{2!} - \frac{1}{3!} + \cdots + (-1)^n \frac{1}{n!} \right)$ 是最接近 $\frac{n!}{e}$ 的整数，可以写成 $D_n = \left\lfloor \frac{n!}{e} + 0.5 \right\rfloor$。

所以 $1 - \frac{D_n}{n!}$ 就是"有人拿到自己礼物的概率"，当人数为 3 人以上时，概率就超过 60% 了；人数为 4 人以上时，数值皆接近 63.2%。

最后，$D_n = \left\lfloor \frac{n!}{e} + 0.5 \right\rfloor$ 就是所谓的错排数速算结论。（$e \approx 2.71828$）

当 $n=3$，$D_n=2$；（我们的硬币盖牌魔术就是利用了这种情况。）

当 $n=4$，$D_n=9$；

当 $n=5$，$D_n=44$；……

通过分析这个数学原理，你是否发现数学其实就在你身边，而且既好用又神奇呢？

不是超能力
但能见证奇迹的

魔术数学

Note

快快写下魔术笔记！

第4招

巧缘相印

乘乘
我回来咯！！晚上来我家开京都土产派对～

小加
OK！！

那我先过去开门，想吃什么？

阿减
盐酥鸡！！！

……

Steven
了解！今天有事，会晚点到……

除爸，主任在找你喔！

好，等会过去先擦下地，然后……

马上去！

叮咚

晚上好！

结果是我最早到吗？不好意思，我先用下电脑……

我顺路买了一些卤味过来。

？

打扰了，是说乘乘她还没到家吗？

她刚刚发短信说还在车上,先进来坐吧……

小加,先来吃点卤味吧,这甜不辣超赞!

(大约过了20分钟……)

叮咚……

我回来了!

赶飞机很累吧?欢迎回家……

小白,我超想你!你有没有想我啊?

规则

1. 先准备五张不同的名片，把这五张名片正面朝下，然后混合洗乱。

2. 把名片撕成两半，叠成一叠，依序数五张放到桌面，分成两叠。

接下来，就要麻烦大家一起来念歌词了。

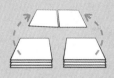

3. 每念一个字，就拿一张到最下方，任意选择哪一叠开始，或是念到哪个字要换叠都可以。

4. 每念完一句，就从两叠最上方各抽取一张并排放。

我真的很高兴认识你……

你我欢喜聚一起

有缘有福气

今生认识你

重复步骤3和4，直到名片排完。

剩下最后两张则接着前方的名片排列。
现在，我们把五组半截的名片全部翻成正面！

原本被打乱的名片，全部都对上了。

哇！

太神奇了！Steven，这招教我！

善用数列归纳逻辑
推衍出理想的结局

大家下班总喜欢来乘乘家小聚一会儿，喝点儿小酒。这位网红开心时，偶尔还会送这些没机会出国的邻居们一些小礼物。

乘乘经常出国，不过只要她一回来，就像公主一样宅在家里，一日三餐都由其他人张罗。除爸的工作时间比较有弹性，因此他对乘乘照顾最多，而且无微不至，大家觉得简直像是男朋友在照顾女朋友。连乘乘家中的那只宠物狗小白，跟除爸都比跟她还亲呢！因此，虽然乘乘还没到家，但除爸就像男主人一样开门让大家进来。

除爸性格开朗阳光，总是充满正能量，而且一笑就露出一口洁白整齐的牙齿。今天或许是业务不顺利，他的眼神中透着些许忧郁。若说我们之中，谁可以一拳打飞歹徒，那一定是除爸；但要说谁可以让大家欺负而不还手，还是除爸。虽然他已经过了适婚年纪，但因家境不好，需要照顾父母及弟妹，所以迟迟不敢交女友。不过，若我有妹妹，肯定希望她嫁给像除爸这样既有责任感又可信赖的好男人。

令人瞠目结舌的破冰游戏

今天乘乘回国，还没到家，便邀请大家去她家玩。小加和阿减一边吃着咸酥鸡、喝着啤酒，一边看电视。魔数师 Steven 正用电脑与数学女孩Sharon进行视频聊天。这时，乘乘拎着大包小包进门，除爸赶紧将行李接过来，生怕累着乘乘了。忽然，从除爸衬衫口袋中掉出了两片被撕烂的名片，乘乘看到后，露出略带嘲讽的表情揶揄他说："一定是被客户撕掉的！"

这时，正在和数学女孩Sharon讨论数学难题的魔数师Steven，突然从电脑屏幕后探出头来为除爸打圆场："那个……是我们两个刚刚玩撕名片游戏的道具啦！"乘乘半信半疑地问："是吗？还有这种游戏？"正在看电视的小加和阿减也嚼着甜不辣和咸酥鸡凑过来，想听听撕名片游戏的玩法。

魔数师Steven摸了摸头说："这是一种很好玩的破冰游戏。你们去从回收纸张的箱子里找几张商品名片过来，我们来玩玩看。"等一切准备就绪后，魔数师Steven开始发号施令，要大家跟着做。

大家把五张不同的名片正面朝下放在桌子上，并混合洗乱。然后，把它们撕成两半，叠成一叠，并依序数五张放到桌上，这样刚好分成两叠。接着大家一起念："我真的很高兴认识你，你我欢喜聚一起，有缘有福气，今生认识你。"请记住，每念一个字，就把任意一叠中最上面的一张拿到最下方，任意选择哪一叠开始，或是念到哪一个字要换叠都可以。每念完一句，就把两叠最上面的那张并排放到一旁去。

大家照做后，每个人面前都有五组两半的名片，魔数师Steven要大家把眼前的名片翻到正面。"哇哇哇！"一时间惊呼声四起！大家眼前的名片竟然都成双成对地配好了，没有一张是错乱的。

除爸给了魔数师Steven一个感谢的眼神，大伙儿也恢复了以往的热络。听完骄傲的乘乘大谈这次出国的经历后，小加和阿减留下来收拾打扫，魔数师Steven和除爸则一起走出乘乘的家门，安静地走回自己的住处。

巧缘相印变法大解密

撕名片魔术

> 我真的很高兴认识你
> 你我欢喜聚一起
> 有缘有福气
> 今生认识你【注1】

　　拿出五张名片或不要的纸牌，撕成两半，先叠在一起，然后依照顺序从上面数五张放到桌面上，形成两叠。每念一个字，就把任意一叠中最上面的一张拿到最下方，任意选择哪一叠开始，或是念到哪一个字换叠都可以（请记得要在同一句里）。念完一句，把两叠最上面的那一张一起放到一旁去。最后五张一定会出现完美的对应。

注释

> 【注1】
> 这些词不仅可以念，还可以唱出来。

用开朗积极的态度找到绝处逢生的出路

　　魔数师Steven走到房门前，抬头微笑示意，邀请除爸过来再喝一杯。除爸露出明朗的笑容，毫不犹豫地跑着冲进魔数师Steven的屋里。

　　除爸喝了两杯后，感慨道："我没事！我知道你担心我，但是你什么都没问，陪我喝酒，陪我瞎聊，你真是一个好兄弟。我今天不过是被客户拒绝了，他当面撕了我的名片，并把名片丢在地上，我捡起来，又重新递给他一张新名片。"

魔数师 Steven 知道自己的朋友受了委屈，赶紧安慰说："兄弟，你也太伟大了，情商真高！"

除爸说："我递新名片时告诉他，这名片一张 5 元，我很穷，请王董别再撕了！结果他又撕了，并丢了 100 元给我，叫我滚。临走前，我又给了他 18 张名片，告诉他 100 元可买 20 张，我虽然没念过什么书，但做这种简单的算术，肯定是没问题的。"除爸说到这儿，两个大男人的眼眶都红了。

魔数师 Steven 假装举杯干杯，其实是趁机偷偷拭泪，也给除爸偷擦泪水的机会，两个大男人猛灌着一杯杯的烈酒，企图隐藏自己内心深处激动的情绪。

突然，除爸接到了一通电话："是、是，谢谢王董，您别这么说，是我不该在那个时间打扰您，我非常抱歉！谢谢您肯给机会让我服务。别这么说，不用请我吃饭，去拜访您是我的荣幸，好、好、好！明天见。"

挂完电话，除爸开怀大笑："兄弟，我要接到大单了！王董亲自打电话向我道歉，还说明天请我吃饭，讨论订单的事。哈哈！你真是我的幸运星。"

魔数师 Steven 把酒倒满，开心地和除爸举杯庆祝。除爸一本正经地说："谢谢你刚刚替我解围，让我没在乘乘面前丢脸，也谢谢你陪我一起难过、一起开心。谢谢！"

魔数师 Steven 摆摆手说："我们是好朋友，你别客气。而且王董是该道歉，但是我真的佩服你，你的情商和度量令我望尘莫及，这杯我为你干了，祝你大单永远接不完，年年顺心，事事顺利！"

这是完美的拒绝还是表白

　　送走除爸后，魔数师 Steven 才想起刚刚和数学女孩 Sharon 还在讨论数学问题，便赶快打开电脑。魔数师 Steven 连忙道歉，数学女孩 Sharon 在那头说："没事，我刚刚也在忙！但是你那个撕名片的魔术，我可是听得津津有味，这么快就能编出那样精彩的魔术，我真是佩服你，我听完那段才下线的。虽然原来的问题我们没讨论出结论，但是你那个神救援，让我觉得很值得，今天就先休息了，我们明天聊吧！晚安，暖男老师。"

　　魔数师 Steven 已经习惯了数学女孩 Sharon 晚安的结束语，今天突然多了一句"暖男老师"，让他的内心激动不已。想起圣诞夜自己对她说的那三个数字密码，算是表白吗？她一定知道是哪三个数字，但是……她的反应又算是拒绝吗？魔数师 Steven 不敢再想下去，恍惚之间，半杯酒已经入喉……

Steven的魔术秘诀大公开

循环对应的奥妙

很多时候，我们用图示来辅助思考是非常有效率的。两组牌放到桌上后，就会形成这样的对应关系。

不论取哪一组，只要经过四个步骤（我真的很），顶牌都会一样。

"我真的很高兴认识你。"（后面可以加5的倍数，这样会循环回原状态。）

念完一句之后，两组牌的第一张必定会是对应的一对儿。

经三个步骤（你我欢）又可使顶牌一致。

"你我欢喜聚一起。"（后面可加4的倍数，这样会循环回原状态。）

经两个步骤（有缘）

"有缘有福气。"（后面可以加3的倍数，这样会循环回原状态。）

经一个步骤（今）

"今生认识你。"（后面可以加2的倍数，这样会循环回原状态。）

发现规律了吗？

五张牌必须移动四张，这样头尾就会一致。因此五张牌就需四个字，四张牌需三个字，三张牌需两个字，两张牌需一个字。

以五张牌为例，编写的话语格式为：

4个字：我 真 的 很 高 兴 认 识 你

3个字：你 我 欢 喜 聚 一 起

2个字：有 缘 有 福 气

1个字：今 生 认 识 你

可是在这个魔术中，魔数师Steven编写的歌词字数并不是4、3、2、1的格式啊！实际上正确的一般化格式应该是：

m张牌需要$(m-1+mn)$个字（n为0、1、2、3等非负整数。）

例如第一句为"我真的很高兴认识你"。"我真的很"这四个字就能控制顶牌的位置，"高兴认识你"这五个字只是循环一次五张牌，顺序不会变动。因此，在编写诗词或歌词时，可以将字数增加5的倍数。

以此首《认识你》为例，其每句的字数为：

$4+5n$ ($n=1$)

$3+4n$ ($n=1$)

$2+3n\ (n=1)$

$1+2n\ (n=2)$

这种格式由本书作者魔数师 Steven 创作，命名为《巧数文》。只要依此格式创作，就能变出"巧缘相印"的魔术。这种格式可以广泛应用在语文教学中，既能引导孩子爱上写作，又能让他们获得学习魔术的乐趣。

下面的一首新诗可用来玩 6 张牌的魔术，有兴趣的读者可以试一下。

游园 Steven

花香醉游人

姹紫嫣红, 秀色可夺魂

风含笑, 草木皆春

只是, 景如故

人, 已新

这首新诗中的标点符号恰为格式化的分界，是一个容易模仿且方便参考的范本。

魔术数学

不是超能力
但能见证奇迹的

Note

快快写下魔术
笔记！

60

第5招

拒绝的艺术

好了，好了……

阿减，你最近忙得没日没夜的，是因为工作量增加了吗？

实验室主任把工作都丢给我……
因为我不会唱歌，不会打牌，更不会喝酒……

他们的聚餐我也不想去，没想到主任就把工作往我这边丢。

一开始想着反正我也不去聚餐，为了不破坏大家的兴致，就接下了工作……
结果大家好像习以为常了……

什么啊？太欺负人了！

就是啊！

我拒绝过啊！后来主任提议，用丢硬币来决定……

这种事你应该断然拒绝！

我猜对工作就给他，但这根本不公平，他把工作分成十份，赌十次之后……
我一个人平均要做四五份，剩下的一半他分给九个人……

我最近就是太忙，还心烦这样的同事。乘乘，抱歉！读书会我下次一定参加。
今天就先放我回去……

你先不要走，我去博客贴文，叫人把他们搜出来！
职场霸凌嘛！

今天赌场大的！
跟不跟？

阿减，我告诉你一个掷硬币的魔术，下次主任再丢工作来，就赌场大的！

大家拿一枚硬币出来，我当庄家。你们投掷十次硬币，如果连续三次一样，就算你们输了。一个个来挑战吧！

Steven，你不会耍诈骗我们吧？

不用担心，硬币是你们自己的，我也不会碰到它……

而且就算幸运女神眷顾我，发生"正正"或是"反反"的情形，那决定成败的最后一次正反，至少也是二分之一的概率吧？

怎么说我的胜率都比二分之一低……

然后……

跟！跟！跟！输了就把酒干掉！

Steven，你一定会输得很惨！

怎么可能？

64

说明

我们连续掷三次硬币，三次都一样的结果共有2种，即"正正正"和"反反反"，投掷三次共有8（$2^3=8$）种结果，你们有四分之一（$\frac{2}{8}=\frac{1}{4}$）的概率会输。

图解：投掷三次硬币的可能结果有8种。
（正 = "+"；反 = "−"）

+ + +	+ + −	+ − +	+ − −
− − −	− − +	− + −	− + +

不过，如果是连续投掷十次就不是这样简单了！我们用树状图列出你们胜的情形，只有178种，全部情形是2的十次方，共有1024种。

一 二 三 四 五 六 七 八 九 十

2　4　6　10　16　26　42　68　110　178

65

赢家用真诚化解敌意
输家靠经验判断输赢

阿减最近聚会都没来参加，连他喜欢的小加找他，阿减也是应付两句就回屋里去了。

今天，乘乘在吃完晚餐后，滔滔不绝地炫耀她出版的新书大卖，正在签名的她告诉大家："去把阿减叫来，姐姐我今天要给你们每人送上一本有着我漂亮签名的新书，让你们先拜读一下我这本《博客的秘密功课》。哈哈！请叫我女王！"

阿减被除爸拉了进来。他那满脸丧气的表情和心不在焉的态度惹恼了乘乘，于是她拉高嗓门说："死孩子！你知道多少人期待本女王的新书吗？不想要就别要，不要装出一副要死不活的样子！"

乘乘家境好，从小娇生惯养。阿减这个一路求学的书呆子，总是宅在实验室和家里。两人的性格和生活习惯差别很大，因此常常顶嘴争论，幸亏每次都由其他三人从中调停，才得以安然相处。事实上，乘乘是刀子嘴、豆腐心，每次有补品或国外的高级健康食品，必定留给常待在实验室没日没夜工作的阿减，让他补补身体。今天，阿减布满血丝的眼睛透出怒火，乘乘也杏眼圆睁，毫不示弱。眼见争吵一触即发，小加赶紧拉着阿减打圆场："帅哥！乘乘姐第一个为你签名，我和除爸都快吃醋了，快点先谢谢姐姐，再和我一起与网红大明星合张照，发到朋友圈晒一下吧！"

小加不愧是集美貌与智慧于一身的美女，相信未来她一定会成为人见人爱的女主播！

魔数师Steven示意除爸把阿减拉过来，和大家一起拍照。乘乘嘟着嘴说："小加，你最乖，姐姐先给你签名。"

聪明的魔数师Steven为了化解尴尬，使用快速阅读的方法，重点浏览了书中的几个章节，然后提出问题让乘乘尽情发挥（或是炫耀），这个技巧在心理学上很有用。一方面让对方觉得你对她的东西感兴趣；另一方面提出问题，让对方尽情发挥她的才能。这样对方就会对你产生一定程度的好感，心情也会变得愉悦。

黑暗的职场霸凌

魔数师Steven发现阿减的头虽然面向乘乘，但是脚却朝着门外。于是找到机会，立刻问道："阿减，你最近忙得没日没夜的，是因为工作量增多了吗？"

阿减一脸愤懑地说："实验室主任把工作都丢给我，因为我不会唱歌，不会打牌，更不会喝酒。他们的聚餐我也不想去，没想到主任就把工作往我这边丢。"

正义感十足的小加愤怒地说："欺负人嘛！真是的！"

除爸也帮腔道："不该你做的，要严词拒绝啊！"

阿减哭丧着脸说："我拒绝了。大家却冷言冷语，说我既然不想去，就别破坏大家的兴致。我只好接下工作，这样至少还能换得一声谢谢！没想到大家竟然习以为常了。主任还说，分配工作用丢硬币的方式决定，由老天爷来安排最公平。如果我猜错了正反面，就由我做，猜对了就由他做，但是这样的游戏规则根本不公平！因为除了一般性的专业工作外，主任把困难的任务分成十份，如果我猜错一次，就做一份。结果每次猜下来，我一个人平均都要做四五份，剩下的一半他分给其他九个人做，我最近就是在心烦这些事情。乘乘姐对不起，下次再听你的分享，我先走了。"

乘乘愤愤不平地说："这是什么鬼，职场霸凌吗？我去博客写文章，让粉丝们把这些人搜出来。"

即使心里没勇气，行动也要有自信

魔数师 Steven 知道阿减的个性耿直，容易遇到这样的事，于是便说："阿减，你真该多读读乘乘姐的书和博客里的文章，也要学小加常到外面踏青旅游，改善一下心情和整个人的气场。除爸阳光积极、充满活力的态度，你也要多学点，这可是招来好运的法宝哦。现在我告诉你一招掷硬币的魔法，下次再遇到主任工作分配，就用这招跟他赌一场大的。"

魔数师 Steven 忽然间变得豪气冲天。他要大家把酒倒满，然后大声说："今天赌场大的，你们跟吗？"

大家知道魔数师 Steven 是故意表演给阿减看的，让阿减知道面对事情时该有的魄力与态度，于是异口同声地附和道："跟！跟！跟！输了就干！"

该拒绝就拒绝，别人才会珍惜你的帮助

魔数师Steven说："大家都拿出一枚硬币来，我们玩个大的。我当庄，和大家对赌，逐个来挑战一下。玩法很简单，你们投掷十次硬币，如果连续三次一样就算你们输，否则算我输。学过高中数学吧，连续三次一样，共有两种情形，即"正正正"和"反反反"。投掷三次会有8（$2^3=8$）种可能的结果【注1】，你们只有四分之一（$\frac{2}{8}=\frac{1}{4}$）的可能性会输。"

"不用担心有什么诡计，硬币是你们自己的，我不会碰到它，而且就算幸运女神眷顾我，连续两次出现正或反的情形，那决定成败的最后一次正反，至少也是二分之一的概率！怎么说我的胜率都比二分之一低吧！"魔数师Steven笑着说。

大家都在想，Steven是不是喝醉了？这种不公平的赌局也敢赌！大家都对这位数学老师的冲动感到意外，要知道，他可是极度理性的人啊！

正当大家准备看魔数师Steven怎么喝下四杯酒时，结果却令人大跌眼镜，他们四个人竟然全输了，所有人的硬币都连续出现三次一样的情形。

大家呆若木鸡，怔怔地望着魔数师Steven，怀疑自己是被催眠了，或是硬币被调包了……

魔数师Steven告诉阿减："下次再遇到丢硬币分工作的情况，你就把大家叫过来当见证人，和实验室主任对赌。如果你输，就包下所有工作；如果你赢，就一份工作也不干！"

魔数师Steven接着说："你告诉他们，我帮你们，是把你们当成同事和朋友，下次再找我玩不公平的游戏，别怪我不把你们当朋友。"

小加喊道："Steven，你好有男子汉气概，好帅喔！"

除爸也打趣道："我感觉自己爱上你啦！"

除爸此话一出，逗得大家哈哈大笑，纷纷要求魔数师Steven赶快传授秘诀。除爸也分享了自己的职场经验，并告诉阿减："该拒绝时就要拒绝，这样别人才会珍惜你的帮助。"

拒绝的艺术变法大解密

隐藏在数学原理和话术技巧下的胜率

什么都不用做。
只要对方连续投掷十次，我们的胜率就大约为82.6%。
一切都是数学原理和话术技巧而已。

用积极的态度应对事情，用真诚的温度结交朋友

太多的理所当然可能是错误或谬误。面对职场的霸凌，只有自己能够解决！除爸拥有积极阳光的心态，内心十分强大，因此能

够很好地处理和同事的关系；而阿减由于缺乏人际沟通的经验和技巧，因此常常受到同事的排挤和欺负，但即便如此，他的同事也不应该把阿减的无私付出视为理所当然！

第二天，阿减的反击甚是精彩，这次赌局实验室主任之所以会输，就是因为太相信自己的经验和直觉了。

阿减记得魔数师 Steven 最后教了他一件很重要的事，那就是在义正词严地表达出自己的意见（表达界限与原则）后，必须用真诚的态度才能交到朋友（关怀和在意周遭的人与事）。虽然实验室主任输了这场掷币赌局，但阿减还是抱着五份工作资料离开了会议室，并轻声对主任说："这五份工作我熟，主任一个人做太辛苦了，如果有同事想学的，可以找我，我会把做好的工作流程分享给大家，这样大家以后就可以高效完成工作，提早下班唱歌了。"

经过这次赌局，实验室的同事开始对阿减刮目相看。阿减为自己赢得了尊重，也开始积极调整自己的生活，不再整日沉浸在自己的电玩世界里，连乘乘这位女王都称赞他越来越有温度啦！小加更是鼓励他，只要戒掉熬夜玩游戏的习惯，就请他看电影，约他一起去健身。

解开纠结情绪的秘密宝箱

看到朋友们都过得开心快乐，魔数师 Steven 也很高兴。今天乘乘出国，小加出差，阿减和除爸去小加介绍的健身房健身，本来魔数师 Steven 也想一起去，可是却收到了一个匿名包裹。包裹里面是一个用密码锁锁住的宝箱和一张卡片。密码锁有五个码，卡片上只有几行字。除此之外，没有任何提示。

---

hELLO, Steven

一开始的希望之光，是开启潘多拉宝盒的钥匙。

如果开启它将伤害你，你还愿意费尽心思找到答案吗？

魔数师 Steven 知道这是数学女孩 Sharon 对他圣诞夜表白的回应。魔数师 Steven 从不勉强她说出原因，也不奢望她做出承诺，甚至对她的故意疏远也视而不见。为什么她这几天不愿意和他联络？为什么她总是表现出挣扎纠结？魔数师 Steven 知道，这一切都是因为……她不想说出、却也无法抛下的过往。

如何才能理解她的纠结情绪？如何才能解开她的秘密？魔数师 Steven 心里默想，现在能做的，就是设法将宝箱打开。

Steven的魔术秘诀大公开

神奇的斐波那契数列

　　这个硬币魔术可以说是最神奇的魔术，因为魔数师 Steven 什么都不用做！我们用树状图来计算一下实验室主任的胜率。

　　找出没有连续三次相同的组合情形，如下所示：

　　一　二　三　四　五　六　七　八　九　十

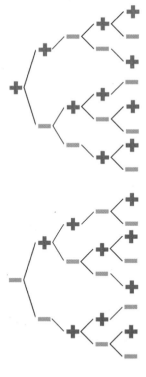

2　　4　　6　　10　　16　　26　　42　　68　　110　　178

$$2 + 4 = 6$$
$$4 + 6 = 10$$
$$6 + 10 = 16$$
$$\cdots$$

有趣的是，对手的胜利情形数刚好符合斐波那契数列的形式。我们先一般化斐波那契数列。

斐波那契数列：$F_1 = F_2 = 1$，$F_n = F_{n-1} + F_{n-2}$，$n \in \mathbf{N}$，$n \geqslant 3$

$<F_n>$：$1, 1, 2, 3, 5, 8, 13, 21, \cdots$

推导公式：我们先假设某个数 $k \in \mathbf{R}$ 使得 $(F_n - kF_{n-1})$ 为等比数列。

设 $F_n - kF_{n-1} = r(F_{n-1} - kF_{n-2})$

则 $F_n = kF_{n-1} + rF_{n-1} - rkF_{n-2} = (k+r)F_{n-1} - rkF_{n-2}$

得 $k + r = 1$ 且 $rk = -1$，解得

$$(r, k) = \left(\frac{1+\sqrt{5}}{2}, \frac{1-\sqrt{5}}{2}\right) \text{ 或 } (r, k) = \left(\frac{1-\sqrt{5}}{2}, \frac{1+\sqrt{5}}{2}\right)$$

设 $a_n = F_n - kF_{n-1}$，则 $a_n = ra_{n-1}$，$n \in \mathbf{N}$，$n \geqslant 3$

$a_2 = F_2 - kF_1 = 1 - k = r$，$a_n = a_2 r^{n-2} = r^{n-1}$

$F_n = a_n + kF_{n-1} = r^{n-1} + k(a_{n-1} + kF_{n-2}) = r^{n-1} + r^{n-2}k + k^2 F_{n-2}$

$= r^{n-1} + r^{n-2}k + k^2(a_{n-2} + kF_{n-3}) = r^{n-1} + r^{n-2}k + r^{n-3}k^2 + k^3 F_{n-3}$

$= r^{n-1} + r^{n-2}k + r^{n-3}k^2 + r^{n-4}k^3 + \cdots + rk^{n-2} + k^{n-1}F_1$

$= r^{n-1} + r^{n-2}k + r^{n-3}k^2 + r^{n-4}k^3 + \cdots + rk^{n-2} + k^{n-1}$

$$= \frac{k^n - r^n}{k - r}$$

不论 $(r, k) = \left(\frac{1+\sqrt{5}}{2}, \frac{1-\sqrt{5}}{2}\right)$ 或 $\left(\frac{1-\sqrt{5}}{2}, \frac{1+\sqrt{5}}{2}\right)$，

F_n 均等于 $\frac{1}{\sqrt{5}}\left[\left(\frac{1+\sqrt{5}}{2}\right)^n - \left(\frac{1-\sqrt{5}}{2}\right)^n\right]$。

上述的对手不败的情形可写为 $f(n) = 2 \times \frac{1}{\sqrt{5}}\left[\left(\frac{1+\sqrt{5}}{2}\right)^{n+1} - \left(\frac{1-\sqrt{5}}{2}\right)^{n+1}\right]$

n 为投掷次数，将 $n = 10$ 代入，得 178。

2^n 为总投掷情形的组合数，因此我方的胜率为 $\frac{2^n - f(n)}{2^n}$。

掷十次我方的胜率为 $\frac{1024 - 178}{1024} \approx 82.6\%$。（$n = 10$）

这应该是一个一秒钟就能学会的神奇数学魔术吧！

第6招

生日快乐

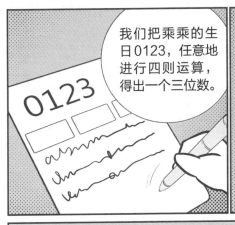

我们把乘乘的生日0123，任意地进行四则运算，得出一个三位数。

$$0 + 1 + 2 + 3 = 6$$
$$2 \times 3 + 1 = 7$$
$$0 + 1 + 3 - 2 = 2$$

比如我们可以得到672这样一个数……

要记住这个任意组合得到的三位数，百位数与个位数不能一样。
接下来进行两步操作：首先将该数字与其逆向排列后的数字相减，得到两者之差：

$$672 - 276 = 396$$

然后将这个差与其逆向排列后的数字相加。注意，如果这个差为两位数，其逆向排列的数字的个位需补0。

$$396 + 693 = 1089$$

最终我们得到了一组密码1089，那么，请各位把目光移回到这张卡片上……

哇！真的是1089呀！

等等，太快啦……拜托再做一次。

第6招

不是每件事都要有结果
最美的是不后悔的回忆

乘乘刚一回国，便急不可耐地和大家分享她与异国帅哥的浪漫故事。众人听得如痴如醉，特别是小加，只见她仰脸望着天花板，双手用力抓着沙发上的大抱枕，将其整个拥在怀里，估计正在幻想着和金发帅哥浪漫约会呢。乘乘不愧是网红作家，很会吊人胃口，一字一句都牵动着听众的情绪，惹得大家不住地追问她后来到底和金发帅哥怎么样了。只有除爸看上去紧张兮兮的，还时不时地配合着笑一下，不过那笑容假得太明显。他应该比所有人更想知道后续的发展情况吧。

正当大家对故事的发展充满好奇时，乘乘却说："故事讲完了。刚好手机软件把我的话全转成了文字，省了不少事。散会，我要去写故事了。"

除爸一下子傻了眼，表现出一副心有不甘的表情。

小加察觉到除爸的落寞，于是故意拉住乘乘撒娇地说："乘乘姐，你不可以这样，哪有人这样的，金发帅哥的戏份还没讲完呢！你不可以害大家失眠啦！"

乘乘笑着说："亲爱的小加妹妹，最好的结局就是没有结局啦。金发帅哥的浪漫我享受到了，至于和金发帅哥最好的结局就是晚餐后说再见！没有留下任何联系方式。我只留下了刚刚给你们看的那张合照，仅此而已。"

小加满脸遗憾地说："啊！这也太不科学了吧！"

乘乘摆出一副老师的姿态，语重心长地对小加说："在国外，女孩必须要懂得保护自己，不要看到帅哥就晕头转向。就当时的情况来说，你不知道会发生什么危险，洁身自爱是最好的选择。再说，跨国恋可是很辛苦的哦。可靠的男人，是你能感受他的温度，不论在什么地方，你都能相信他，依赖他。"

乘乘继续说："而且出国邂逅的男生一般都会处处留情。我骗他说，我是因为最近升职，再加上刚好过生日，所以和姐妹们来旅游。他竟然马上拿出四张小卡片变魔术，祝我生日快乐，向我恭喜呢！这种体贴和浪漫竟然信手拈来，有哪个女生会不沦陷呢？"说到这里，乘乘眉头轻挑，微笑着对魔数师 Steven 说："不过他的手法没有你精彩。"这时大家都把目光移向魔数师 Steven。

第6招

魔数师 Steven 明白大家的意思，不好意思地回答："第一次认识小加时，我好像变过这个魔术，哈哈！这四张卡片一直都在我的皮夹里。我的学生有时候会在生日当天给我带糖果吃，作为老师总要回个礼；或是临时知道今天是同事生日，变个数学魔术来活跃一下气氛，我可不是用来讨好女孩子的喔！"

阿减迫不及待地说："Steven，别说那些没用的，赶紧教我们几招，我们也好跟同事们炫耀一下。尤其是我们的小加大记者，特别向往金发帅哥的浪漫。所以我更应该学会，偶尔也能给我们的美女记者秀一下，满足一下她当女王的感觉。"

除了小加满脸通红地傻笑外，其他人无不对阿减刮目相看，乘乘更是夸道："阿减，士别三日，不同凡响嘛！"

阿减腼腆地说："都是我的美丽女王教得好啊！"

此话一出，大家开怀大笑，就像一家人一样。

神准的生日预言

魔数师Steven快速拿出四张卡片，卡片上的图案分别是三根没点燃的蜡烛和一根点燃的蜡烛。他快速将点燃的蜡烛与没点燃的蜡烛接触了一下，蜡烛竟然瞬间全部点着了，更夸张的是还变出了一个蛋糕图案，蛋糕的背面还有一个预言。

在预言揭开之前，魔数师Steven请乘乘许愿。

等乘乘许完愿后，魔数师Steven说："乘乘，我记得你的生日是1月23日。请把日期01和23拆解后进行四则运算，得出一个三位数。"

比如你可以这么计算：0+1+2+3=6；2×3+1=7；0+1+3-2=2。这样就得到一个三位数672（百位数与个位数不要一样哦）。接下来进行两步操作：首先将该数字与其逆向排列后的数字相减，得到两者之差，如672-276=396；再将这个差与其逆向排列后的数字相加，得到两者之和：396+693=1089。注意，如果这个差为两位数，其逆向排列的数字的个位需补0后再相加。

这时候，魔数师Steven缓缓打开蛋糕卡牌背后的预言。大家定睛一看，果然是1089。

众人惊呼，抢着要学习这个魔术。

点燃蜡烛！
祝你生日快乐！

$$x=y^2$$

生日快乐——不是每件事都要有结果 最美的是不后悔的回忆

生日快乐变法大解密

最惊喜的生日祝福

这里用到一个翻牌技巧，使观众看不到其中两张牌。（具体步骤可扫右侧的二维码，观看作者本人的演示。同时附有魔术需要的卡片图案，感兴趣的读者可以自行下载打印。）然后请观众把自己的生日拆解后进行四则运算，得出一个三位数。例如前文乘乘的生日为1月23号，可以拆解为：

扫描二维码
轻松学魔术

第6招

0+1+2+3=6；2×3+1=7；0+1+3-2=2。

这样我们就得到672这个数（百位数与个位数不能一样），接下来进行两步操作：

首先将该数字与其逆向排列后的数字相减，得到两者之差：

672-276=396

再将这个差与其逆向排列后的数字相加，得到两者之和：

396+693=1089

需要注意的是，如果这个差为两位数，其逆向排列的数字的个位需补0后再相加。

只要依此操作，结果必定是1089。

打开潘多拉宝盒

魔数师Steven开心地跑回家取生日祝福卡牌，以便大家学习这个魔术。回到家后，他看到桌上放着那天收到的卡片。其实他收到包裹的当天就解开了密码，但却迟迟没有勇气打开这个潘多拉宝盒。

魔数师 Steven 知道密码就是07734（将 hELLO 翻转）。虽然卡片上警告说打开就会伤害自己，但是为了她，魔数师 Steven 这时下定决心，决定要承受这个伤害。

随着密码锁"咔嚓"一声响动，魔数师 Steven 打开了这个精致小巧的盒子。面对里面一叠触目惊心的车祸照片，魔数师 Steven 不禁倒抽一口气，就像是把 $-10℃$ 的冷空气猛吸到鼻腔内，他隐约感受到肺脏和心脏的刺痛。

数学女孩 Sharon 怎么会有这些照片？这些照片又有什么含义？底下有一张新的提示卡片。卡片上有一行数列：

3 (A)　81　65　61　37　58　8(B)　14(C)

数列下面还有一个网址，网址后面写着"输入密码（ABC）"。

看完照片，魔数师 Steven 已经知道，这些都与"那件事"有关。而当他看到这行数列并算出答案时，心里不由得着急起来。这次他没有迟疑，立刻输入答案，因为这个答案就是数学女孩 Sharon 向他发出的求救信号……

当魔数师 Steven 输入答案后，才终于知道了她一直无法从"那件事"的阴影中走出来的原因。

Steven的魔术秘诀大公开

你不能不知道的预言数大解密

假设通过生日所凑成的三位数的百位数为 a、十位数为 b、个位数为 c，且 $a \neq c$，即三位数为 $100a+10b+c$。

假设 $a>c$，则逆向相减会得到：

$100a+10b+c-(100c+10b+a)$

$=100a+10b+c-100c-10b-a$

$=99a-99c=99(a-c)$

$a-c=1 \rightarrow 099+990=1089$

$a-c=2 \rightarrow 198+891=1089$

$a-c=3 \rightarrow 297+792=1089$

$a-c=4 \rightarrow 396+693=1089$

$a-c=5 \rightarrow 495+594=1089$

$a-c=6 \rightarrow 594+495=1089$

$a-c=7 \rightarrow 693+396=1089$

$a-c=8 \rightarrow 792+297=1089$

$a-c=9 \rightarrow 891+198=1089$

由此发现，无论 $a-c$ 的值是多少，最后答案都是1089。

另一种简洁的证明如下：

$100a+10b+c-(100c+10b+a)$

$=100a+10b+c-100c-10b-a$

$=100(a-c)+(c-a)$

$=100(a-c-1)+100+(c-a)$

$=100\underbrace{(a-c-1)}_{百位}+\underbrace{90}_{十位}+\underbrace{(c-a+10)}_{个位}$

$100(a-c-1)+90+(c-a+10)+100(c-a+10)+90+(a-c-1)$

$=100(a-c-1+c-a+10)+180+(c-a+10+a-c-1)$

$=100 \times 9+180+9$

$=1089$

不是超能力
但能见证奇迹的

Note

快快写下魔术笔记！

第7招

幸运扑克

……

还是去一趟Sharon的办公室好了……

Steven老师!

老师好,我是二班的陈宏杰。您可以给我表演一个魔术吗?

二班的陈宏杰……好像听简老师提过他……

宏杰同学,为什么想让我表演魔术呢?

听补习班的朋友说您很厉害,很会变魔术,我们老师也这样说过……

这样啊……但让我表演魔术有一个条件,就是先要自己完成幸运扑克游戏。

什么是幸运扑克游戏?

规则说明

~~J Q K~~

1. 请拿一副扑克牌,把J、Q、K和大小王抽掉。

2. 扑克牌由左往右发,发成四叠。

3. 每三张连续牌为一组(最下面可循环到最上面一起计算),加起来尾数是9就收起来,放到手上牌的最下方。

如果最后剩下一张，就表示你很幸运，能够梦想成真。到时我自然会满足你的愿望！

但要完成幸运扑克游戏并不容易，有人花了一整天都还没有结果呢……

我会努力的！

啊！

方块5、梅花8、梅花6，总和是19，尾数是9，这三张可以收起来吧？

对，就是这么做。

又有了！

方块4、红心3、梅花2的总和为9，又可以收起来了。

很好，很好……

这一排有方块2、梅花4和方块3，总和是9，又可以拿掉牌了。

越来越顺手啦！

这排的黑桃3、方块7、梅花9，总和为19，可以收，然后……嗯？

等等！

中间这排还有红心7、梅花5和梅花7，总和为19……

刚刚没看到这三张牌，现在可以拿掉吗？

不行喔，如果忘了拿，只要下方放了新牌就不能再拿了。

要等等底下的牌拿掉后才行。

按照这个规则继续排列下去，直至全部收走，剩下一张牌为止。

排好了再通知我，老师还有事，先走了。

执着而不固执
放下而不放弃

今天下课后，魔数师 Steven 在教室走廊上若有所思。平时喜欢和学生互动的他，今天反而不希望学生提问题。即使有些同学来问他问题，他也都请同事代为回答。

他一个人静静地躲在办公室的角落里打电话、发信息，因为数学女孩 Sharon 失踪了……

数学女孩 Sharon 没有请假，只留下一条信息，让博士生和助理先帮她代课。数学女孩 Sharon 是个责任心很强的人，对于她一反常态的行为，大家都很吃惊。系主任和其他教授急着找她，魔数师 Steven 更是急得像热锅上的蚂蚁。他请同事下午替他上课，自己则准备立刻飞奔到数学女孩 Sharon 的办公室，因为她已经发出求救信号了。由于有些私事不方便告诉数学女孩 Sharon 的同事或助理，因此 Steven 只好自己走一趟。

突然，一位男学生拉住魔数师 Steven 说："Steven 老师，您可不可以为我变一个魔术啊？"这个学生父母双亡，是学校的重点辅导对象。虽然不是自己班的学生，魔数师 Steven 也不敢掉以轻心，亲切地问道："你为什么要让我变魔术呀？"

学生羞涩地说："因为我们班的同学都说您很厉害，很会变魔术，我们老师也这样说过。"

神奇的幸运扑克游戏

魔数师Steven笑了笑说："好，不过想要看我表演魔术有一个条件，就是要先独自完成幸运扑克游戏。你回家拿一副扑克牌，把J、Q、K和大小王抽掉，然后先在手上写一个1~9之中的数字，把牌从左往右发，发成四叠。每三张连续牌为一组（最下面那一张可以和上面一起计算），如果牌面加起来尾数是9就收起来，放到手上牌的最下方。如果剩下一张，而且和你手上的数字一样，那就代表你很幸运，能够梦想成真，我自然也会满足你的愿望。记得不要把牌弄乱，把你手上的所有牌都带给老师，到时候我会为你表演一个精彩的魔术。"

于是，这个学生回到家后，照着魔数师Steven教的方法摆牌（见下图），直到剩下一张为止。

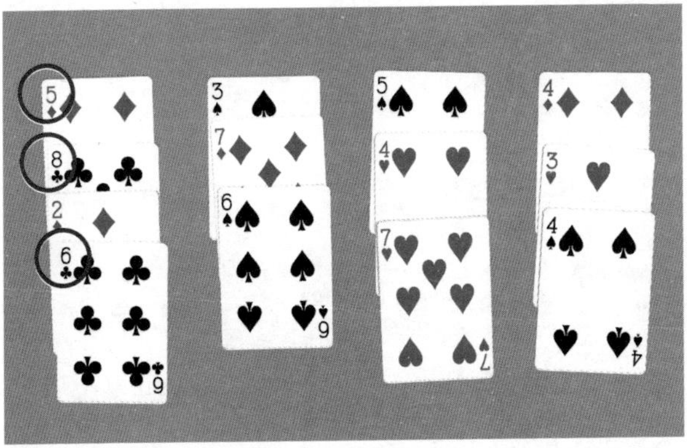

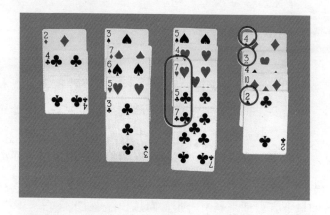

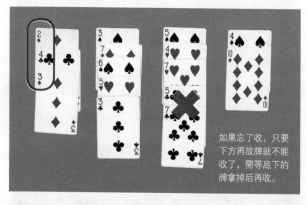

如果忘了收，只要
下方再放牌就不能
收了，需等底下的
牌拿掉后再收。

这个学生叫陈宏杰，家中遭逢变故，父母在同一个工地意外身亡。父母离世后，宏杰的叔叔搬来与其同住，但是常外出四处打工，一周顶多回来一次。在班主任简老师的积极开导下，宏杰逐渐走出失去双亲的伤痛。魔数师 Steven 是校内公认的催眠术和数学魔术大师，所以简老师曾经拜托他关注一下这个孩子，魔数师 Steven 满口答应。果然，隔天宏杰就主动来找他，可是魔数师 Steven 刚好有急事，因此他便使用这个扑克牌游戏转移宏杰的注意力，既让他有事可做，又可以锻炼他的数学推理能力。魔数师 Steven 打算忙完数学女孩 Sharon 的事后，再好好陪陪这个孩子，安慰一下他那颗充满伤痛的幼小心灵。

幸运扑克变法大解密

寻找最后一张牌

❶ 拿一副扑克牌，把J、Q、K和大小王抽掉。

❷ 把牌由左往右发，发成四叠，每三张连续牌为一组（最下面那一张可以和最上面的一起计算），加起来尾数是9就收起来，放到手上牌的最下方。

❸ 成功的状态是最后剩下一张3。

破解宝盒密码，发现995求救信息

昨天，当魔数师Steven打开宝盒，看到这个数列时，很快就发现37、58是两个连续的不快乐数，因此马上便解出了ABC的答案。

3 (A) 81 65 61 37 58 8(B) 14(C)

分析：

快乐数有以下的特性：先求出该数所有数字（digits）的平方和，再求该平方和的所有数字的平方和，如此重复进行，最终结果必为1。

例如，以十进制为例：

$28 \rightarrow 2^2+8^2=68 \rightarrow 6^2+8^2=100 \rightarrow 1^2+0^2+0^2=1$

$32 \rightarrow 3^2+2^2=13 \rightarrow 1^2+3^2=10 \rightarrow 1^2+0^2=1$

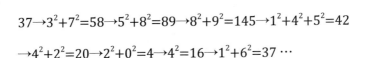

$37 \to 3^2+7^2=58 \to 5^2+8^2=89 \to 8^2+9^2=145 \to 1^2+4^2+5^2=42$

$\to 4^2+2^2=20 \to 2^2+0^2=4 \to 4^2=16 \to 1^2+6^2=37 \cdots$

因此28和32是快乐数，而在37的计算过程中，37重复出现，继续计算的结果只会是上述数字的循环，而不会是1，因此37不是快乐数。

像37这种不是快乐数的数称为不快乐数（unhappy number），如果对所有不快乐数的数位平方和进行如上计算，最后都会进入"$4 \to 16 \to 37 \to 58 \to 89 \to 145 \to 42 \to 20 \to 4$"的循环中。

100以内的快乐数有1、7、10、13、19、23、28、31、32、44、49、68、70、79、82、86、91、94、97、100，共20个。

以下是小于100的快乐数表格，浅红色数字表示快乐数，深红色数字表示它是不快乐数的循环。

00	01	02	03	04	05	06	07	08	09
10	11	12	13	14	15	16	17	18	19
20	21	22	23	24	25	26	27	28	29
30	31	32	33	34	35	36	37	38	39
40	41	42	43	44	45	46	47	48	49
50	51	52	53	54	55	56	57	58	59
60	61	62	63	64	65	66	67	68	69
70	71	72	73	74	75	76	77	78	79
80	81	82	83	84	85	86	87	88	89
90	91	92	93	94	95	96	97	98	99

第7招

不是超能力
但能见证奇迹的

魔术数学

以下是100到小于200的快乐数表格，浅红色数字表示快乐数，深红色数字表示它是不快乐数的循环。

100	101	102	103	104	105	106	107	108	109
110	111	112	113	114	115	116	117	118	119
120	121	122	123	124	125	126	127	128	129
130	131	132	133	134	135	136	137	138	139
140	141	142	143	144	145	146	147	148	149
150	151	152	153	154	155	156	157	158	159
160	161	162	163	164	165	166	167	168	169
170	171	172	173	174	175	176	177	178	179
180	181	182	183	184	185	186	187	188	189
190	191	192	193	194	195	196	197	198	199

以下是200到小于300的快乐数表格，浅红色数字表示快乐数。

200	201	202	203	204	205	206	207	208	209
210	211	212	213	214	215	216	217	218	219
220	221	222	223	224	225	226	227	228	229
230	231	232	233	234	235	236	237	238	239
240	241	242	243	244	245	246	247	248	249
250	251	252	253	254	255	256	257	258	259
260	261	262	263	264	265	266	267	268	269
270	271	272	273	274	275	276	277	278	279
280	281	282	283	284	285	286	287	288	289
290	291	292	293	294	295	296	297	298	299

300 以内的快乐数中没有一位是 5，如果 300 以内的数中有一位是 5，那它一定不是快乐数。

100 以内的快乐数没有因子 3、6、9 等数，如果 100 以内的数是 3 的倍数，那它一定不是快乐数。

1000 以内的快乐数没有因子 9、15、18、21 等数，如果 1000 以内的数是 9 的倍数，那它一定不是快乐数。

1000 以内的快乐数也没有能被 25 整除但不能被 100 整除的，如果 1000 以内的数是 25 的倍数但不是 100 的倍数，那它一定不是快乐数。

回到谜题：

3 (A) 81 65 61 37 58 8(B) 14(C)

$3^2=9(A)→9^2=81→8^2+1^2=65→6^2+5^2=61→6^2+1^2=37→3^2+7^2=58→5^2+8^2=89(B)→8^2+9^2=145(C)$

数学女孩 Sharon 利用"不快乐数"的循环设计出这个谜题，谜底是 995（救救我），可见她的心中已经非常痛苦，又不知如何求救。魔数师 Steven 看到她的求救信号，心里万分着急，于是立刻登录网址，输入密码 995。网页上赫然出现一张照片，就在那一瞬间，魔数师 Steven 终于知道了数学女孩 Sharon 的苦恼……

不是超能力
但能见证奇迹的

魔术数学

Steven的魔术秘诀大公开

如何算出扑克牌的最终数字

　　幸运扑克游戏是一种流传已久的扑克牌游戏，其特色在于一个人就可以玩，不过成功率不高。有人把它拿来许愿，成功即代表愿望会实现。

　　在故事中，魔数师Steven让宏杰自己猜最后留下的数字，是很有数学趣味的，曾经有老师带领学生对这个游戏进行数学推演。我们现在来看看，为什么留下的数字会是3，如果这个扑克牌游戏变成收集其他数字，那最后一张牌的数字又会如何变化呢？

　　因为$40 \div 3 = 13 \cdots\cdots 1$，三张一组，会有十三组，最后剩下一张。

　　假设扑克牌组合9有a组、19有b组、29有c组，剩一张x，

　　则$9a + 19b + 29c + x = \frac{(1+10) \times 10}{2} \times 4 = 220$【扑克牌的所有点数和】

　　即$9(a+b+c) + 10(b+2c) + x = 220$

　　因为$a+b+c = 13$

　　所以$10(b+2c) + x = 220 - 117 = 103$

　　$10(b+2c)$是10的倍数，不会影响个位数。

　　得$x = 3$（即在成功的情况下，会留下一张3在桌面上。）

　　若游戏改为收集7：

　　假设扑克牌组合7有a组、17有b组、27有c组，剩一张x，

　　则$7a + 17b + 27c + x = \frac{(1+10) \times 10}{2} \times 4 = 220$【扑克牌的所有点数和】

　　即$7(a+b+c) + 10(b+2c) + x = 220$

　　因为$a+b+c = 13$

　　所以$10(b+2c) + x = 220 - 91 = 129$

　　$10(b+2c)$是10的倍数，不会影响个位数。

　　得$x = 9$（即在成功的情况下，会留下一张9在桌面上。）

　　由上可见，假设收集的数字为n，则$n \times 13$是变化的关键。我们只需看尾数，因此$10 - (3n \bmod 10)$就是最后留下的牌面数字。

第8招

心电感应

Be
Li!
Be
Li!
Be
Li!
Be
Li!
……

Be
Li!
Be
Li!
Be
Li!
Be
Li!

Steven
LINE 流量

toot……
toot……
……Sharon?

Sharon!

谢天谢地！
终于找到你了。

我已经和系主任说好了，他会帮忙安排代课和所有的行政事务。

学校那边没有问题的！

谢谢你，Steven……

抱歉给你添麻烦了。

别这么说，Sharon……

其实我这边有件事需要你的协助，是关于Martin学长的母亲……

？

咳……我会努力的，请把题目传给我！

话说回来，学长会爱上数学，并展现优异的天分，原来都是来自伯母的遗传啊……

原来如此，呵呵……

大家好，我们继续讨论Martin学长和他妈妈的心电感应游戏吧！
我有一个类似的数学魔术，只是盖牌的人必须是我，而不是让抽牌的人随意盖牌，所以效果没那么强大……

是什么呢？

Steven，你的那个数学魔术要怎么做呢？

说明

1. 首先抽五张牌，依据鸽笼原理，必定有两张花色一样。
2. 扣除一张盖住的牌，还剩下四张牌，这四张牌A、B、C、D由左至右排列。

牌A与盖住的牌花色一样，B、C、D这三张以大、中、小等方式进行排列。

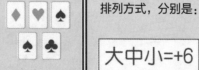

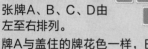

B、C、D三张牌有 3!=3×2×1=6 种排列方式，分别是：

大中小=+6	大小中=+5
中大小=+4	中小大=+3
小大中=+2	小中大=+1

以第一张牌的点数和花色为计算基础，根据后三张的排列情况加上不同的数，从而得到答案。下面举几个例子：

♣3 ♠4 ♥2 ♥A：第一张牌是♣3，后三张的排列方式是大中小，3+6=9，答案是♣9。

♦5 ♠K ♥2 ♦Q：第一张牌是♦5，后三张的排列方式是大小中，5+5=10，答案是♦10。

♥5 ♠K ♦K ♣K：这种点数一样的排列，就用花色来区别大小，花色从小到大是♠ ♥ ♣ ♦（可以记成"一尖二凸三圆四角"），第一张牌是♥5，后三张的排列方式是小大中，5+2=7，答案是♥7。

♠10 ♦Q ♣4 ♠2：第一张牌是♠10，后三张的排列方式是大中小，10+6＝16≡3（mod13），答案是♠3。注意，因为我们的运算最多只能加6，所以当五张牌中的两张同花色牌点数相差超过6时，就要盖住其中的小牌，而把大牌作为第一张牌。比如本例中♠3和♠10相差超过6，所以只能盖住♠3。

大家都懂了吗？我们在网上发照片，实际演练一下吧！

红心3?

超(赞)

红心K!

$\frac{1}{\pi}\sin x = 6$

神回

第8招

聊天时请用"YES"设问法
聊出真心话 人际关系不卡关

魔数师 Steven 登录网址，输入密码后，网站上出现的是一张图。

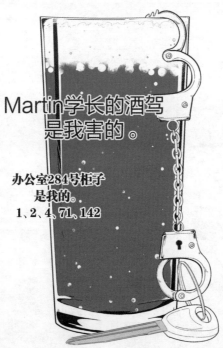

Martin学长的酒驾
是我害的。

办公室284号柜子
是我的。
1、2、4、71、142

原来 Martin 学长饮酒后骑摩托车发生意外和数学女孩 Sharon 有关。这到底是怎么回事？先不管了，一定要快点赶到数学女孩 Sharon 的办公室，找到下一条线索！

魔数师Steven请纪主任帮助自己调课，并向主任道歉说，自己因为有很重要的事，所以才特别麻烦主任。纪主任也是数学老师，教学经验非常丰富，平常人缘又特别好，拍胸脯保证会帮魔数师Steven处理好一切，自己也会帮他代课。贴心的纪主任没有问魔数师Steven发生了什么事，他知道Steven不想说，于是叮嘱Steven，如果有任何需要帮忙的地方，一定要给他打电话。最后他嘱咐说，事情办完后赶紧回校，要以工作为重，毕竟同事只能暂时帮忙，别为此影响自己的生活和工作。

道谢后，魔数师Steven直奔数学女孩Sharon的办公室。他用密码220（密码的解法详见P 115"Steven的魔术秘诀大公开"）打开284号柜子后，看到数学女孩Sharon留下一个ID。随后魔数师Steven告诉数学女孩Sharon的同事，Sharon教授由于身体不适，需要静养一段时间，本学期的工作仅剩下期末考试，恳请系主任协助一下，而且博士生也会代为处理考试期间的行政事务。不过期末成绩的上传工作，Sharon教授会亲自完成。另外，由于身体状况不佳，Sharon教授暂时不便接受探视，因此请大家在学期假期结束前不要打扰她。因为魔数师Steven和数学女孩Sharon以前就是同班同学，在"那件事"之后，大家更是把Steven当成Sharon教授的男性好友，因此大家都听从Steven的各项安排，马上着手协调。

魔数师Steven很担心数学女孩Sharon。他知道Sharon是系主任的得意弟子，在系主任同意协助后，他道了一声谢，便匆匆离去。魔数师Steven使用各种通讯软件寻找ID，终于联系上了数学女孩Sharon。他怕Sharon发生什么意外，坚持让她和自己进行视频聊天。憔悴的数学女孩Sharon似乎在某处民宿或饭店的房间里……

圣诞夜的遗憾和自责

数学女孩 Sharon 一边痛哭，一边对魔数师 Steven 说："我告诉 Martin，圣诞夜如果不来，我就和他分手。那天他和朋友去唱歌，喝了许多酒，因为我的要求，才会骑摩托车来学校。没有人知道是我逼他来学校的，我也不敢说。最近，我的梦里总是出现车祸的场景，我便不由自主地上网搜索了当时的车祸照片，这时我才意识到，Martin 真的是我害死的，呜呜呜……"

魔数师 Steven 没有直接回应数学女孩 Sharon。他怕她过于伤心，便故意岔开话题，开口说道："圆周率第 325~327 位就是 520，我爱你。这个世界上有一个人很爱很爱你！在你选择逃避或是面对之前，我想告诉你，我会一直陪着你。如果你是 284，我愿意当你的 220。"

魔数师 Steven 紧接着问："你应该知道圆周率第 325~327 位就是 520，对吧？"

"是。"

"所以你知道我喜欢你，对吧？"

"对。"

"你也不讨厌我吧？"

"嗯。"

魔数师 Steven 使用的是"YES"设问法。当对方连续快速回答"YES"之后，会很难说出"NO"。因为他必须先平复数学女孩 Sharon 激动的情绪，避免一年多前 Martin 学长在圣诞夜发生的

事故成为她转不出去的死胡同。（这个心理控制术在神经语言学中被广泛应用，特别是企业的业务主管，基本上都受过这类训练。）

魔数师 Steven 接着告诉她："学校的事系主任都帮你安排好了，但是我跟他说，期末考试成绩的上传工作你会亲自完成。我知道你是一个负责任的老师，这件事你应该会自己完成，对吧？"

"嗯。"数学女孩 Sharon 轻声回答。

魔数师 Steven 先让数学女孩 Sharon 的情绪平静下来，再进行理性沟通，最后让她承诺未来要完成某项工作，这样她做出傻事的概率就会降低许多了。

善解人意的伪装者

魔数师 Steven 一本正经地说："另外，有件事我遇到了麻烦，需要请你帮忙。我解不开密码……是关于 Martin 学长的母亲。"

数学女孩 Sharon 惊讶地问："啊！伯母怎么了？"

魔数师 Steven 使用心理控制的技巧，将话题与 Martin 联系起来，但是主轴却不在 Martin 身上。数学女孩 Sharon 这时已经完全被魔数师 Steven 的心理控制术控制了。

魔数师 Steven 说："Martin 学长母亲的身体状况你是知道的，现在正住在医院的重症病房。家人不敢告诉她 Martin 学长的事，我们骗她说 Martin 学长出国去攻读另一个博士学位，能瞒多久就瞒多久。平常我都使用一个社交账号和学长母亲聊天。我托我的好友乘乘，请她在国外的电影专业的朋友帮我找人扮成 Martin 学长到处拍照。照片是蛮逼真的，我的答话或回应也会先传给 Martin 学长的姐姐和父亲看，但是最近不知怎么的，Martin 学长的母亲有点儿怀疑，于是她就出了一道谜题，说 Martin 一定能解出来。原本不想让你想起伤心往事，现在却不得不向你求救了。这周我可以用忙于工作和论文搪塞一下，但是下周再解不出来，学长的母亲一定知道我是假的。这个谜题可不像你考我的那么简单，你先帮忙想想。"

超神奇的心电感应

魔数师 Steven 十分严肃地说："我已经把题目发给一些数学社群中的高手，每晚我们都会召开视频会议进行讨论。你提出你的分析思路，我把我们的研究报告发送给你，这样才不会浪费时间。别人试过的方向我们可以不再尝试，麻烦你了。这也是你可以帮 Martin 学长的重要机会，与其把自己锁在阴暗的角落里，不如做些让 Martin 学长及其家人安心的事。对吧？"

听到这些后，数学女孩 Sharon 又恢复了往日的风采，就连说话的语气也坚定了不少："我会努力的，把题目传给我吧。"

魔数师 Steven 知道，虽然自己暂时缓解了数学女孩 Sharon 的精神压力，但是仍要在她解决这个问题之前找到她才行。

魔数师 Steven 说："Martin 的母亲也是一位数学老师，这也是 Martin 学长爱上数学并展现天分的重要原因。

"现在困扰大家的题目是这样的，Martin 的母亲和他有个秘密

暗语。Martin的家人说，只要任意抽出五张牌，观众从这五张中任意挑一张盖住，剩下四张牌依照Martin母亲的指示排列好，然后由她拍照给Martin，Martin就能立刻说出观众挑了什么牌。Martin的母亲总喜欢炫耀自己和Martin学长有心电感应，连Martin的父亲和姐姐都不知道其中的奥秘。据说这是母子俩在Martin高中时期想出来的游戏，他们父女俩为此甚至还有些吃醋呢！现在，大家百思不得其解，而且没有对照的样本，即使有想法，也不敢贸然行事，因为只要一错，Martin的母亲就会发现和她用社交软件聊天的不是Martin。"

魔数师Steven说完题目后，对数学女孩Sharon说了一声"明天见"，便立刻关掉了视频。一方面是因为他不想告诉数学女孩Sharon太多关于Martin家里目前的状况，另一方面是因为他必须想办法快点找到Sharon才行。

魔数师Steven知道一个类似的扑克魔术，但做不到Martin母子的那种效果。他能做到的是，观众任意抽出五张牌，然后他亲自盖住一张牌，之后排列其他四张牌，他的助手就可以推理出盖住的牌是什么。

不过他现在是不会告诉数学女孩Sharon这种方法的，因为他必须让她多花点儿时间专注于解谜，这样她就不容易再受负面情绪的干扰了。

心电感应变法大解密

心电感应五张牌破解版（需由魔数师亲自盖牌）

❶ 观众抽五张牌。依据鸽笼原理，必定有两张花色一样。

❷ 从中任选一张牌盖住。

❸ 剩下的A、B、C、D四张牌的排列（由左向右）如下：
A与盖住的牌花色一样，其余三张牌以某种大小顺序进行排序。

❹ 三张牌有3!=3×2×1=6种排列方式。

❺ 大中小=+6，大小中=+5，中大小=+4
中小大=+3，小大中=+2，小中大=+1

❻ 以第一张牌的点数和花色为基础，根据后三张的排列情况加上不
同的数，从而得到答案。方法可以参考以下范例：

♣3 ♠4 ♥2 ♥A

第一张牌是♣3，后三张牌的排列方式是大中小，3+6=9，答案是♣9。

♦5 ♠K ♥2 ♦Q

第一张牌是♦5，后三张牌的排列方式是大小中，5+5=10，答案是♦10。

♥5 ♥K ♦K ♣K

这种点数一样的排列，就需要用花色来区分大小，花色从小到大分
别为♠ ♥ ♣ ♦（可以记为：一尖二凸三圆四角）。

第一张牌是♥5，后三张牌的排列方式是小大中，5+2=7，答案是♥7。

♠10 ♦Q ♣4 ♥2

第一张牌是♠10，后三张牌的排列方式是大中小，10+6=16≡3
(mod13)，答案是♠3。注意，因为我们的运算最多只能加6，所以当五
张牌中的两张同花色牌点数相差超过6时，就要盖住其中的小牌，而把
大牌作为第一张牌。本例中♣3和♠10相差超过6，所以只能盖住♠3。

以下照片为示范情形，只要让搭档提前掌握这种方法，他就能根
据你排列牌的顺序，计算出盖住的牌。观众虽然知道你们肯定有密码暗
号，但又看不出来。

这个心电感应魔术完全利用数学知识，无须使用任何手法或技巧，因此是一个非常棒的数学魔术。把它教给你的兄弟或闺密，一定会羡煞旁人，羡慕你有这么好的心电感应知己。

超级寻人任务

魔数师Steven回到家后，立刻让乘乘帮他查看视频中的场景，看看是否能找到数学女孩Sharon的住宿地点。

魔数师Steven也把通讯软件里数学女孩Sharon的名字和头像发给除爸，拜托除爸的业务团队使用软件中"附近的人"这个功能，只要出现这个头像，麻烦记录下手机使用者的位置以及他与这个头像的距离。小加自告奋勇地说，她可以发给自己的摄影师朋友，或许可以帮上一点儿忙。

阿减出主意说："Steven，如果你方便的话，下次可以录下你们的对话，我可以使用软件去除主要音轨，找到背景音，这样也许会找到一些线索。"

乘乘也说："如果有她的平板或笔记本电脑，而且设置了和手机的关联功能的话，我可以使用定位方式搜寻她的手机，或是……你要不要报警，让警察给她的手机定位？"

魔数师Steven笑着说："没那么严重啦！谢谢大家的建议和帮助，目前我们就先这样处理。虽然她现在的情绪已经稳定，但还是不宜有太大的动作，以免影响她的工作或大家对她的看法。我相信自己可以找到她，并帮助她走出伤痛。麻烦各位了！"

大家纷纷安慰魔数师Steven，并表示会全力协助他。Steven道谢后，回到家里继续思索Martin学长母子的数学谜题……

Steven的魔术秘诀大公开

亲和数和心电感应魔术

亲和数

为什么魔数师 Steven 看到数学女孩 Sharon 办公室中标有 284 的箱子，就知道密码是 220 呢？原来，数学女孩 Sharon 在这里使用了亲和数的概念。亲和数（Amicable Pair）又称相亲数、友爱数、朋友数。如果两个自然数 a 和 b，a 的所有除本身以外的因数之和等于 b，b 的所有除本身以外的因数之和等于 a，则称 a、b 是一对亲和数。

220 的全部因数（除掉本身）相加的和是：1+2+4+5+10+11+20+22+44+55+110=284

284 的全部因数（除掉本身）相加的和是：1+2+4+71+142=220

因此 220 和 284 是一对你中有我、我中有你的亲和数。数学爱好者很少用 520 这么直白的数字，而多用 284 和 220 这样的亲和数来表达美好的情感。毕达哥拉斯曾说："朋友是你灵魂的倩影，要像 220 与 284 一样亲密。"

1984 年，英国伦敦维京出版公司（Viking Press）出版了马丁·加德纳（Martin Gardner）所著的《数学魔法秀》（*Mathematical Magic Show*）一书，书中提到 220 与 284 在中世纪的占星术铸件与护身符中扮演了增进情谊的角色。书中还记载了一个关于亲和数的趣谈：11 世纪，一位阿拉伯人做了一场试验，以验证 220 与 284 是否有催情功效。这位阿拉伯人找了一批人吃下标示有 220 的食物，而另一批人则吃下标示有 284 的食物，结果当然是……无效！

220 与 284 是人类发现的第一对亲和数，它们是由古希腊数学家毕达哥拉斯发现的。

公元 850 年左右，阿拉伯数学家塔别脱·本·科拉发现了亲和数公式，后来被称为塔别脱·本·科拉法则。

1636 年，费马发现了另一对亲和数：17296 和 18416。

1638 年，笛卡儿也发现了一对亲和数：9363584 和 9437056。

欧拉也研究过亲和数这个课题。1750年，他一口气向公众抛出了60对亲和数：2620和2924、5020和5564、6232和6368……从而引起轰动。

1866年，年仅16岁的意大利青年巴格尼尼发现1184与1210是仅仅比220与284稍微大一些的第二对亲和数。

目前，人们已找到了超过12,000,000对亲和数，但亲和数是否有无穷多对，以及亲和数的两个数是否都奇偶相同，而没有一奇一偶等问题，仍有待继续探索。

心电感应三张牌破解版

方法：

观众对魔数师说出自己心中想的一张牌，

然后从牌堆中任意取三张牌。

魔数师把三张牌反插回去。

将牌放进牌盒内交给观众。

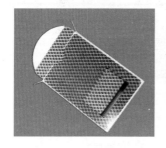 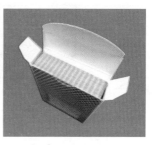

观众将牌拿给魔数师指定的助手，助手只要一打开牌，看完反插的三张牌后，就能知道观众心里想的牌。

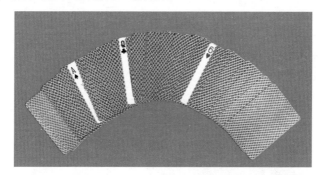

依照上面的范例，我们来看看助手是如何知道的。

牌的花色利用牌盒两侧的折耳进行二进制编码。折耳压下去为 0，没压下去为 1，则 00 为黑桃、01 为梅花、11 为红心、10 为方块。图中所示的情况为 11，即红心。

牌从牌盒取出时，看到正面为 "+"，背面为 "−"。

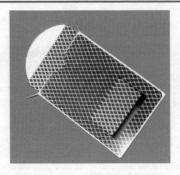

如图示为"－"，表示等一会儿计算使用减法。

计算基准为7。加减的值同前面的"五张牌版本"，7这个数字加6和减6恰为扑克牌的极大值和极小值。三张牌有6种排列方式：

$3!=3\times2\times1=6$

大中小=6，大小中=5

中大小=4，中小大=3

小大中=2，小中大=1

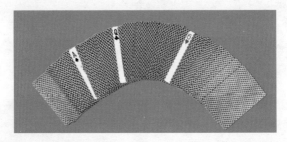

由左至右，小大中=2

7−2=5，答案是红心5。

注意：如果恰为数字7，就不要把牌翻成不同面，这样助手拿到就会知道是7。

各位看到这里，应该知道三张牌的排列方式有6种。而Martin母子不需要用牌盒等道具，五张牌可任选一张盖住，只通过照片就能说出牌面，他们到底是怎么做到的？你可以试着想一想，也许你也能做到哦！

第9招

猜字魔术

看到的话，就不用将纸条撕开，直接放在第一个纸条下面。

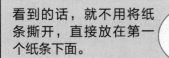

我们来做最后一次。

再把挖洞的那张纸顺时针转90°，这一次看到心里想的字了吗？

我看到了！

那就直接把最后一个纸条摆在下面。

经过前面三个步骤，纸条会摆成一个奇怪的图案。

好了！老师已经知道你刚才选的字啦！

是什么字呢？

我们把最上面的两个短纸条稍微转动，再加上一条竖线，就变成了"半"字。你刚才选的字，是"半"吧？

喔喔！真是啊！太神奇了……

别让眼前的坏事
赶走未来的好事

魔数师 Steven 回到学校后，特意去找了宏杰同学。宏杰兴奋地对他说："老师，我已经完成您交代的幸运扑克游戏了，而且还发现这样的玩法必会留下 3 这个点数。"

魔数师 Steven 高兴地问道："那如果换成收集 6、7、8 等其他数字，你知道留下的会是多少吗？"

宏杰惊讶地说："我昨天成功后，立刻告诉了简老师，简老师也向我提出了这个问题。"

魔数师 Steven 凝视着宏杰亮闪闪的眼睛，亲切地问道："那你解出来了吗？"

宏杰兴奋地说："我解出来了！我解出来了！只要把老师要我收集的数字乘以 3，然后用 10 去减这个积的个位数，就能得出最后留下的点数。例如：如果收集 6，6×3=18，10-8=2，所以会留下 2；如果收集 7，7×3=21，10-1=9，所以会留下 9；如果收集 8，8×3=24，10-4=6，所以会留下 6。"

魔数师 Steven 赞叹道："哇，你太棒了！等会把你的解法写给老师，让简老师和我向别的老师炫耀一下。中午用完餐后来办公室找我，老师给你表演一个精彩的猜字魔术。我会先向简老师知会一声，你也要先向简老师报告一下，知道吗？"

宏杰开心地说："好，谢谢老师。"

第 **9** 招

猜字魔术——别让眼前的坏事 赶走未来的好事

温暖人心的猜字魔术

中午，魔数师 Steven 拿出两张 A4 纸，将其裁成两张正方形，又将正方形裁成正八边形，然后在其中一张上写了八个字，在另一张上挖了四个洞。不到两分钟，魔术道具已经准备好了。

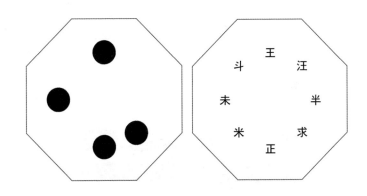

魔数师 Steven 将写有八个字的那张纸递给宏杰，要宏杰在上面任选一个字记在心里；然后将挖有四个洞的纸叠合在写有字的那张纸上，问宏杰有没有看到他选的字。

宏杰回答："没有。"

魔数师 Steven 用剩余的纸撕出三个细长的纸条，并解释说："如果你没看见那个字，就把一个纸条撕开后摆在桌子上。"

随后，魔数师 Steven 将挖洞的那张纸顺时针旋转90°，并问宏杰："现在看到你选的字了吗？"

第9招

125

宏杰说："看到了。"

魔数师Steven解释说："看到的话，就不用将纸条撕开，直接把它摆在第一个纸条下面。"

魔数师Steven再次将挖洞的那张纸顺时针旋转90°，问宏杰："现在能看到你选的字吗？"

"能看到。"

"好的，那就直接把最后一个纸条摆在最下面。"

经过前面三个步骤，纸条摆成了一个奇怪的图案。魔数师Steven看了看这个图案，然后笑着对宏杰同学说："好了，现在老师已经知道你刚才选的是哪个字啦！"

只见魔数师Steven将最上面的两个短纸条稍微转动一下，然后

第 **9** 招

猜字魔术——别让眼前的坏事 赶走未来的好事

将手中的笔竖直放在图案上。图案赫然变成了一个"半"字。

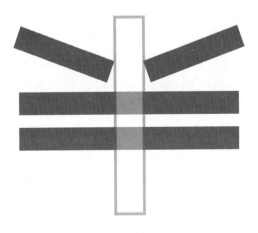

第9招

　　魔数师Steven笑着说："你刚才选的字，是"半"吧？"

　　宏杰不禁惊呼："老师，这太神奇了！您好厉害啊！"

　　魔数师Steven亲切地摸着宏杰的头说："'半'字加个单人旁，就变成'伴'。说明你现在缺个人做伴！你现在担心安置的问题，如果你被送到寄养家庭，就不能留在父母给你的家里面了。叔叔虽然很疼你，是你唯一的亲人，但是他的工作不稳定，必须四处跑，你在担忧这件事，对吧？"

　　宏杰含着眼泪点头，魔数师Steven心疼地抱住他说："老师有个很厉害的朋友，现在是很棒的业务经理，交友广泛，正在创业，很缺人手。老师把你叔叔介绍给他，希望他可以帮你叔叔找份稳定的工作，这样你叔叔就有能力抚养你了，你觉得如何？"

　　宏杰紧握着那张写有字的纸，然后用力抱住了魔数师Steven，直到简老师拿来纸巾替他拭泪，他才平复了情绪。向两位老师道谢后，他怀着无限的希望，满脸笑容地大步走回教室。

　　魔数师Steven和大伙一起庆祝除爸晋升，他不仅升职当上了业务经理，王董更是另开了一家子公司，要除爸当股东。王董亲自向除爸公司的郭老板说明情况。由于王董是郭老板公司最大的客户，且保证业务范围不冲突，因此郭老板便一口答应了。所以，除爸现在不只是业务经理，而且是个小老板了。魔数师 Steven 向除爸说明宏杰的情况，除爸满口答应。Steven坦言自己也没见过宏杰的叔叔，让除爸面试后再做决定，不用勉强。除爸回答说："Steven，你可是我的贵人，现在业界一直流传我撕名片的故事，我凭着你交给我的魔术认识了许多朋友，因此许多好机会和大订单才会落在我身上。我保证，只要他人品没有问题，愿意从头学起就行，我不看学历，不看经验，一切包在我身上！"

　　由于担心数学女孩 Sharon，魔数师 Steven 向除爸祝贺之后，便跟大家道别，匆匆离开。

猜字魔术变法大解密

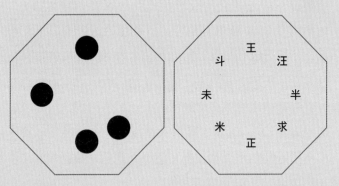

❶ 将两张纸分别裁成大小相同的正八边形，然后在其中一张纸上写出"王、汪、半、求、正、米、未、斗"八个字，在另一张纸上挖出四个洞。字和洞的顺序和位置如上图所示。

❷ 用剩余的纸撕出三个细长的纸条，也可以用牙签或者火柴代替。

❸ 请观众从八个字中任选一个字记在心里。

❹ 将两个正八边形摆成上图的样子，然后将有洞的正八边形叠放在有字的正八边形上面。

❺ 问观众有没有看到刚才选的字。看到的话就将一个纸条摆在桌上，没看到的话就将纸条撕成两半摆在桌上。

❻ 顺时针旋转90°，再问两次。纸条要从上往下摆放。

❼ 最后将笔或尺子摆在纸条上，就可以得到一个字。

❽ 特殊说明："斗"字在笔摆上去时，要把右上角两点拨掉；"求"字的右上角会少一点，可以将手指放在右上角处，或用挖洞剩下的圆点补上去。

不是超能力
但能见证奇迹的

魔术数学

魔数师和数学女孩的联机讨论

魔数师 Steven 正在与数学女孩 Sharon 进行视频聊天。Steven 看到数学女孩 Sharon 精神稳定，气色也很好，便放下了心。他首先问道："你有没有吃饭？附近有什么特别好吃的食物吗？"

这句话从表面上看只是一句简单的问候，其实魔数师 Steven 是想通过食物推测出她所在的地区。

数学女孩 Sharon 回答说："我没怎么出去逛，一直在民宿吃饭，或在附近喝咖啡，整天都在想那个问题。我已经有了些想法，可以和你讨论一下。"

随后，数学女孩 Sharon 说出了她的分析："从 52 张牌中取 4 张的可能情况为 C(52,4)=270725 种。由于我们无法控制观众取牌的种类，便无法以绝对数值来进行编码，因此使用的方式应该是相对数值。4 张牌如果以相对大小进行排序，就可以有 24（4!=24）种编码。"

1234=1	2134=7	3124=K	4123
1243=2	2143=8	3142=大王	4132
1324=3	2314=9	3214=小王	4213
1342=4	2341=10	3241	4231
1423=5	2413=J	3412	4312
1432=6	2431=Q	3421	4321

Sharon继续说道："我们知道点数有13种，因此13种编码已经足够，可是这样就少了花色。由于牌是由观众按照Martin妈妈的要求排列的，她根本没碰到牌，所以不可能有其他的暗示。这是我目前的瓶颈，我只能设计出知道点数的编码。"

魔数师Steven认为，如果按照数学女孩Sharon刚才说的方法（原方式不记大王和小王），后面11组编码就多余了。当数学女孩Sharon问魔数师Steven的想法时，他回答道："还不到紧要关头，我先不把我的想法向你说明，以免影响你的天才思路，等明后天大家都没有进展时，我再报告自己的最新进度。目前我们的共识是使用相对大小进行编码，我可以做到知道花色和点数，但前提是必须由表演者挑选盖住的牌，这与Martin学长的方法尚有差距。另外，我也已经麻烦Martin的父亲，找找以前他们母子俩的对话记录并拍照给我，这样我们可以通过一些正式的样本进行推论，以免有所遗漏。"

此时的数学女孩Sharon像平时一样，精神良好，丝毫没有忧郁的倾向或之前歇斯底里的样子。她如同一个学者在探寻神秘的知识宝藏，享受着思考的乐趣。也许魔数师Steven的心理控制策略奏效了，让数学女孩Sharon觉得自己能为Martin学长做点事情，既有成就感，心灵也能获得抚慰。

魔数师Steven偷偷录下他们的对话，打算明天请阿减将背景音强化，看能不能确定周遭的环境。今天看到数学女孩Sharon没事，Steven便放心了，于是他说："晚安，我今天有点累了。我们明天见。"

数学女孩Sharon第一次有些舍不得下线，平常都是自己先说晚安的，今天却有点失落的感觉，但还是勉强挤出一句晚安，也许是平常太理所当然，所以不珍惜，今天反而有点不舍Steven下线。

　　数学女孩 Sharon 并不知道，Steven 已经开始在网上查找资料，寻找附近有咖啡馆的民宿了。他把所有的心思都放在寻找她这件事上，说到不舍，Steven 才是那个舍不得下线的人呢！

Steven的魔术秘诀大公开

猜字魔术与二进制

　　猜字魔术中的八个字，除了竖画，其余的笔画都可以看成三个横画。因此我们可以使用二进制，根据"字形"把八个字转换成二进制数（如下表）。我们将断开的横画（包括点画）设为0，未断开的横画设为1。这样每次询问就有0和1两种情况，询问三次会有8（$2^3=8$）种组合，可以辨识8个字。

破解猜字魔术

	第一笔	第二笔	第三笔	字
1	0	0	0	汪
2	0	0	1	斗
3	0	1	0	米
4	0	1	1	半
5	1	0	0	求
6	1	0	1	正
7	1	1	0	未
8	1	1	1	王

000=汪；001=斗；010=米；011=半；100=求；101=正；
110=未；111=王

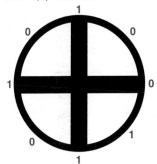

	第一笔	第二笔	第三笔	字
1	0	0	0	汪
2	0	0	1	斗
3	0	1	0	米
4	0	1	1	半
5	1	0	0	求
6	1	0	1	正
7	1	1	0	未
8	1	1	1	王

挖洞的位置为可显示处，视为1。

第9招

顺时针旋转两次的变化如下图，每个字出现的情况恰好与自己的编码相符。

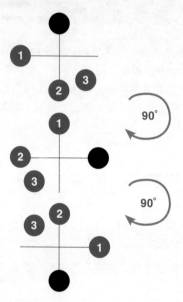

十进制计数法与二进制计数法

我们日常使用的是十进制计数法，简单来说就是"逢十进一"。十进制数的各位由右向左分别为个位（10^0）、十位（10^1）、百位（10^2）、千位（10^3）……以168为例：

百位 10^2=100	十位 10^1=10	个位 10^0=1
100	10	1
1	6	8

也就是说，168是由1个10^2、6个10^1和8个10^0组成。

那么二进制是什么意思呢？所谓二进制，就是"逢二进一"。十进制数的各位由右向左分别为10^0、10^1、10^2……而二进制数的各位由右向左则分别为2^0、2^1、2^2……比如数字5用二进制表示为：

第三位 2^2=4	第二位 2^1=2	第一位 2^0=1
4	2	1
1	0	1

即 5 是由 1 个 2^2 和 1 个 2^0 组成。另外，也可利用连续除以 2 的方式，将十进制数与二进制数进行快速转换。

$$2\underline{)\,5}$$
$$2\underline{)\,2\dots1}$$
$$1\dots0$$

$$5=(101)_2$$

在八个字各自有自己的二进制编码后，每次询问的结果就是告诉我们 0 或 1 的选择，由于这些汉字的字形都是由横画或点画组成，因此不需记忆背诵，就能快速解出这些字。

大家学会了吗?

第 9 招

135

不是超能力
但能见证奇迹的

Note

第10招

数字读心术

这个嘛……小加，请你在心里想一个两位数，把这个数乘以67，再告诉我乘积的末两位是多少？

嗯……我算算……是12。

好……

我刚刚脑海中浮现出的这些数字，有你心里想的数字吗？

16	01	12	07
11	08	15	02
05	10	03	18
04	17	06	09

呃……没有呀！我刚刚想的数字是36……
真可惜……

你注意到了吗？横排、竖列、对角线以及四顶角、四角四个格、中央四个格中的数字加起来的和都是36。

小加的专属加法读心术，成功！

咦？这是怎么回事？

真的假的？我算算看……

我们以刚刚完成的加法读心术为例，小加按照指示算出的末两位是12，只要将其乘以3，12×3=36，36就是小加一开始心中想的两位数了。

只要先算出布阵的关键数字，接着再根据口诀依序填入16格魔方阵。口诀如下：
顺时针上下上下，
逆时针上下上下，
顺时针下上下上，
逆时针下上下上。
依序填入16格魔方阵。

说明

根据口诀，1、2、3、4依照着顺时针上下上下的顺序填写。

	1(上)		
			2(下)
		3(上)	
4(下)			

说明

再根据第二句口诀，5、6、7、8依逆时针上下上下填入。

	01		7(上)
	8(下)		02
5(上)		03	
04		6(下)	

	01	12(上)	07
11(下)	08		02
05	10(上)	03	
04		06	9(下)

16	01	12	07
11	08	15	02
05	10	03	18
04	17	06	09

横、竖、对角以及四顶角、四角四个格、中央四个格中，数字加起来的和都是36的完美16格魔方阵。

16	01	12	07
11	08	15	02
05	10	03	18
04	17	06	09

第 **10** 招

虽然美好不会因你而留下 但只要留心就能发现美好

小加所在的电视台举行台庆活动，领导要求台里的知名记者和主播都要上综艺节目表演才艺。小加长相甜美，专业能力突出，为人又有涵养，因此她的粉丝越来越多。同事们也都认为她是公司的明日之星。现在粉丝们得知她要上综艺节目，都欢呼雀跃，充满期待。大家在她的脸书专页疯狂留言，为她加油打气。

小加正为此感到苦恼，唉声叹气地说："多数同事都打算表演劲歌热舞，我不喜欢扭腰摆臀，这可怎么办？怎么办啊？唉！"

阿减赶紧安慰说："其实你往台上一站就很可爱，我们打开电视看到你就心满意足了。"

阿减的话逗得小加拿起抱枕遮住脸，大叫道："我不要！"

"我教你肚皮舞，让你性感一下，姐姐我可是很厉害的喔！"乘乘笑着说。

除爸在一旁赶紧附和道："对啊！对啊！乘乘的肚皮舞可美了，那个扭臀力道、优雅姿态，就是仙……"

话还没说完，除爸就察觉到气氛不对。乘乘杏眼圆睁，满脸怒气，大家也一脸疑惑地盯着他。魔数师Steven、小加、阿减三人心里直嘀咕：什么时候乘乘跳过肚皮舞，为什么只有除爸看过呢？

除爸被大家盯得有点儿尴尬，只好傻笑两声，赶紧转移话题说："其实小加应该找Steven学点儿神奇的魔术，这样效果会更好。是不是啊？是不是啊？呵呵！"

魔数师Steven打趣说："可是我们都想知道乘乘的肚皮舞是怎么回事。为什么只有你看过，你体谅过其他人的心情吗？"

平时不可一世的乘乘，这时脸红得跟关公一样，她连忙解释道："那……那……那是刚开始学的时候，想找个人帮我把把关。那天在家练习时，碰巧除爸给我送午餐，我就表演了一段，是碰巧嘛！下次再表演给大家看吧！"

阿减故意模仿乘乘口吃的样子，打趣道："那……那……那还真是碰巧，好羡慕除爸喔！两人好有情调哟！我也想看！"

除爸用拳头敲了敲阿减的头，摆出一副护花使者的姿态："看什么看，那不是给你看的，只有我和小加能看。"

乘乘的脸更红了。小加追问道："为什么？"

除爸的脸也红了，慌忙解释说："这个……啊……那个……因为我们两个最常帮乘乘准备午餐，我觉得这种福利应该给用心的人，奖励可不是人人有份的。"

最近阿减的变化非常大，和大家相处时大胆自信，人也变得十分风趣，他继续打趣道："乘乘姐，你的除除哥打了我的头，我明天要请假休养，午餐我帮你准备，我来陪姐姐。"乘乘的脸现在不只是红了，而是红得发烫。

经过大家一番逗趣，小加的心情顿时轻松了不少。她抿着嘴笑了起来，并用抱枕敲了敲阿减的头说："哪儿轮得到你呀！"

魔数师Steven看着除爸和乘乘，笑着说："那该轮到我了吧？乘乘，我帮你送午餐，我也要除爸的那种福利。"

除爸像小孩一样瘪嘴说："Steven，怎么你也这样啊！"

魔数师Steven哈哈大笑说："好啦好啦！这种福利是除爸专属的，不过我期待乘乘有机会给我们秀一段风姿绰约的舞蹈，这样大家心里才会平衡嘛。"

乘乘故作镇定地说："好，有机会一定，一定。"但是却一直和除爸眉来眼去，旁人也不知道他们的葫芦里卖的什么药。小加趁此机会提出，请魔数师Steven教她一个魔术，好让她能在电视台的表演中出类拔萃，展现独一无二的才艺。

神奇的读心数字

魔数师Steven拿起桌上的纸和笔，请小加随意想一个两位数，然后将该数乘以67，再把乘积的末两位告诉自己。

小加用计算器算了一下说："末两位是12。"

魔数师Steven开始在纸上奋笔疾书，不到10秒就画出一个填满数字的表格。

然后他把自己画的表格递给小加，说道："刚刚我脑海中浮现出这些数字，这里有你心里想的数字吗？"

16	1	12	7
11	8	15	2
5	10	3	18
4	17	6	9

小加认真地看了一遍，略显遗憾地说："呃，没有呀！"

魔数师Steven故作惊讶地说："啊？那你想的数字是多少？"

小加觉得自己让魔数师Steven出丑了，因此不好意思地轻声答道："36。"

魔数师Steven微笑着说："你注意到了吗？在这个表格中，横排、竖列、对角线以及四顶角、四角四个格、中央四个格的数字加起来的和都是36。小加的专属加法读心术，大功告成！"

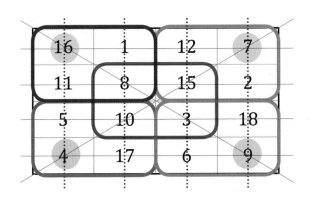

大家无不目瞪口呆，齐声称赞，纷纷要求魔数师Steven教他们这个神奇的读心术。

数字读心术变法大解密

1. 算出观众心里想的数字

把观众告诉你的末两位乘以3，如小加说的末两位为12，12×3＝36，则小加心里想的数字为36。

2. 学会写16格魔方阵

第一种写法：先依照顺序在表格中填入数字。

1	2	3	4
5	6	7	8
9	10	11	12
13	14	15	16

接下来看每条对角线上的四个数字，分别将最外侧的两个数字互换位置，中间的两个数字互换位置。

16	2	3	13
5	11	10	8
9	7	6	12
4	14	15	1

这样就会形成16格的魔方阵，和为34。

第二种写法：

【A形态】需记住5、4、1、8、3、6、7、2四组数字，将它们按照下上下上的次序分别填入空格，9从右下角往左上跨列，写到12后，在12的下方写13，然后往左上跨列写到16。注意，如果左边出框的话，就往右边的空格放；如果上边出框的话，就往下边的空格放。

14	1	12	7
11	8	13	2
5	10	3	16
4	15	6	9

【B形态】口诀：顺时针上下上下，逆时针上下上下，顺时针下上下上，逆时针下上下上。

	1（上）		
			2（下）
		3（上）	
4（下）			

	1		7（上）
	8（下）		2
5（上）		3	
4		6（下）	

$AB+1$	1	12（上）	7
11（下）	8	AB	2
5	10（上）	3	$AB+3$
4	$AB+2$	6	9（下）

　　表演前请先把表格填到这个状态，我们看第二列总和已达21，所以当知道观众心里的数字为XY（两位数）时，就把$XY-21=AB$，AB就是我们要填入空格的数。如果把A形态与B形态结合，记得从9开始往左上方爬，写出16格魔方阵就是非常简单的事了。

找到解题的新线索

　　听完魔数师Steven的详细讲解后，大家都迫不及待地开始练习起来。

　　魔数师Steven将除爸拉到一旁，拜托他请同事或朋友用通讯软件中"附近的人"这个功能，帮助寻找一下数学女孩Sharon。除爸满口答应，表示这是举手之劳，因为他们公司本来就要求员工随时进行定位记录，而且每天都要进行汇报，这样有助于掌握员工的工作时间和动向，便于管理团队，更何况是魔数师Steven的事，除爸表示绝对不敢怠慢。他安慰Steven，让他别着急。

　　魔数师Steven一回到房间，便开始和数学女孩Sharon进行视频通话。

刚接通视频，数学女孩Sharon便说出了她的分析：

"我认为四张牌中，可以用一张牌作为起始数码，另外三张牌进行大小排序。三张牌共有6（3!=6）种排列方式：123(1)、132(2)、213(3)、231(4)、312(5)、321(6)。"

随后她在电脑屏幕中画出了扑克牌的数字状态：

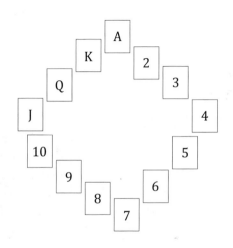

"通过图可以看出，每一张牌和其他牌的差距不会超过6。如果我们把第一张当作起始数码，后面三张按照大小顺序进行排列，就可以简单快速地知道点数了。但是我仍不知道花色该怎么表示出来。"数学女孩Sharon显得有些沮丧。

魔数师Steven赶紧安慰她说："别着急，慢慢来吧！我也没解出来，不过我有一个方法和你的分析类似，我用7来当标记点，以±6的方式来找出数字，这个方法提供给你参考。对了，你打算什么时候回来？"

数学女孩Sharon说："不知道！我在这里蛮悠闲的，解谜这件事需要清静，这里倒是不错的地方。我可能再待一阵子吧！有什么事吗？"

魔数师Steven小心翼翼地回答，以免使Sharon产生心理压力："没事，本来想说你要回来，可以帮我买些当地的伴手礼给我的邻居好友，没关系，你多玩几天，我再找其他东西。另外，我给你传几个照片，这是Martin母亲之前用Martin父亲的手机玩这个魔术的记录，我刚刚收到，只有三张，我们必须小心推敲，这三个例子对我们来说弥足珍贵。"

数学女孩Sharon说："太好了！这样的话，线索就更具体了。"

这些都是Martin母亲请观众排好后，由她拍照给Martin的，因此完全无法在牌上动手脚做记号，也无法在通讯软件上标示任何文字。例如上面这张照片的答案是♥6。

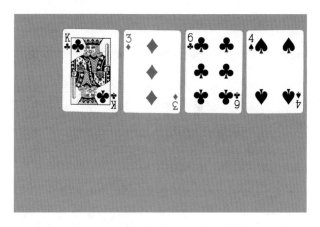

这个的答案是♠9。

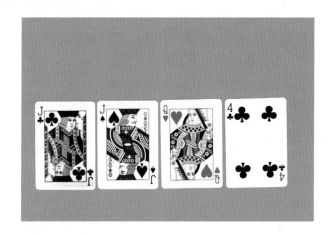

这个的答案是♣7。

魔数师Steven有点儿悲观地说："线索太少啦！我本来想假扮Martin传题目给她进行试探，但是她的问题我还没破解，贸然这样做，可能会因排错密码而被识破。现在我们真的要和时间赛跑了。我顺便把Martin学长母亲的考题传给你，请你再想想这个问题的答案。"

数学女孩Sharon鼓励他说："加油！你是大家公认的天才，一定可以找到答案的。往好的方面想，我们得到的线索有不同花色，有奇数，有偶数，照片中也有重复的牌。以7为基准，我们有大有小，也有基准点，算是比较幸运的。我们再努力一下，一定会有突破的。"

此时，魔数师Steven的心情轻松了不少，因为数学女孩Sharon已经恢复成他以前认识的样子。

别担心！
让Steven
教你个魔术！

那些年的美好时光

数学女孩 Sharon 在大学时期就经常鼓励和督促当时消极而懒散的魔数师 Steven。现在用情专一、温文尔雅的魔数师 Steven，在大学时期其实是个不怎么用功的学生，据说他的女朋友遍布全校各系，而且经常逃学，差点儿被学校勒令退学。不过，虽然魔数师 Steven 不怎么用功，但是每次论文或报告都令同学和老师感到惊艳，属于天才型的人物。那时，数学女孩 Sharon 是班上的数学课代表。有一天，她竟然在教室哭着大声斥责 Steven，搞得他一头雾水，觉得这位女同学是不是脑子有毛病。大家也不明就里，以为是魔数师 Steven 因为没交报告或作业而得罪了她。不过，从此以后，魔数师 Steven 逃学的次数变少了，而且对数学女孩 Sharon 也特别好！同学们一度以为他们会成为情侣，但那时数学女孩 Sharon 已经与 Martin 学长交往。Martin 学长当时是数学系的博士生，正朝着数学教授的目标而努力。他经常利用课余时间帮助学弟学妹辅导微积分、线性代数等课程，为他们答疑解惑，而且经常发表精彩的论文，被誉为数学系的"金童"。随后，数学女孩 Sharon 也有出色的表现，发表了好几篇高质量的研究论文，他们两人就成了系中公认的"金童玉女"。

魔数师 Steven 受到数学女孩 Sharon 的鼓励后灵光乍现，于是他拘谨地向 Sharon 道了一声"晚安"就下线了。幽暗的客厅里，只有一盏小台灯发出微弱的光亮。魔数师 Steven 坐在灯下会心一笑，他相信自己已经走入 Martin 母子的密码世界，内心不由地赞叹起两人的默契与机智。他默默地闭上了眼睛，在半睡半醒的朦胧之中，他仿佛听到 Martin 微笑着对他说了声"谢谢"。

不是超能力
但能见证奇迹的

魔术数学

Steven的魔术秘诀大公开

魔方阵魔术

1. 乘以67的秘密

文中小加将心里想的两位数乘以67，然后把乘积的末两位告诉魔数师Steven，他就能很快计算出她心里想的数字，那么他是怎么做到的呢？方法其实很简单，将乘积的末两位乘以3，就能得到小加心里想的那个数。这个方法的原理如下：

假设原来的两位正整数是$10a+b$，其中a是不大于9的正整数、b是不大于9的整数。

由于$67×3=201$，所以$(10a+b)×67×3=201×(10a+b)=200×(10a+b)+(10a+b)$

由此可以看出，某个两位数乘以67再乘以3，所得的乘积的后两位就是这个数本身。

同理，由于$667×3=2001$，所以对于某个三位数来说，先乘以667，然后将乘积的末三位乘以3，就等于这个数本身。

2. 16格魔方阵的进阶写法（不让数字差异太大）

如果按照前面介绍的操作方法写出和为98的魔方阵，表格会变成：

78	1	12	7
11	8	77	2
5	10	3	80
4	79	6	9

发现了吗？数字之间的差距太大了，即使现场表演时观众察觉不到，但是如果录成视频，大家观看几次，便会发现数字的差距有些不自然，好像刻意安排一样，这样的话，魔术就不够完美了。下面我们来分析一下表格，然后将其进行改良。

X	$X+1$	$X+2$	$X+3$
$X+4$	$X+5$	$X+6$	$X+7$
$X+8$	$X+9$	$X+10$	$X+11$
$X+12$	$X+13$	$X+14$	$X+15$

把1当作X，依序排列后就会产生数字大小的排列不均衡。

1+2+3+…+15=120   120÷4=30

从数字分配上，我们可以发现每组多出来的数字是30。可见斜线（对角线）部分完全正确，皆为4X+30。

$X+15$	$X+1$	$X+2$	$X+12$
$X+4$	$X+10$	$X+9$	$X+7$
$X+8$	$X+6$	$X+5$	$X+11$
$X+3$	$X+13$	$X+14$	X

这样将对角线上的数字变换位置就能以多补少，达到均衡的状态。

如果我们把它写成第二种形态，我们的魔方阵可能会比上面的魔方阵更加强大，有机会让更多数字和，也能跟直横斜线的数字和一样。

$X+13$	X	$X+11$	$X+6$
$X+10$	$X+7$	$X+12$	$X+1$
$X+4$	$X+9$	$X+2$	$X+15$
$X+3$	$X+14$	$X+5$	$X+8$

举例来说，如果数字减去30可以被4整除，那么这个魔方阵的"结果"将非常精彩。假设观众心中的数字是54。

$4X+30=54$，$(54-30)÷4=6$，得$X=6$

填写顺序仍然依照口诀，但不是从1开始填写，而是从6开始。

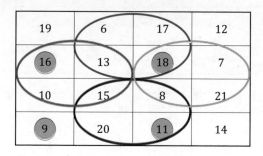

发现了吗？比原来的魔方阵多了什么？

在这个魔方阵中，只要找到正方形的四个角加起来，都是54。

2×2的有9组：$(5-2)×(5-2)=9$

3×3的有4组：$(5-3)×(5-3)=4$

4×4的有1组：$(5-4)×(5-4)=1$

竖排4组

横排4组

斜线2组

共计24组，和皆为54。

文中小加是初学者，上台表演难免紧张，所以魔数师Steven教她从1开始写的方式，并不影响表演的观赏性。另外要提醒观众两位数最好大于34，数字不要太小，不然太简单。其实这是我们不想让负号出现，但是进行教学时，就不用特别提醒，让学生试试负号的计算，有助于加强学生对于负数的计算能力。

问题来了！如果数字减30不能被4整除，那该怎么办？

我们假设数字为64，$(64-30)÷4=8……2$（这时就把最后4格加2，因为不同行不同列，所以整个增加2。）

23	8	19	14
18	15	22 (20+2)	9
12	17	10	25
11	24	13	16

因为有余数，22~25破坏平均的结构，所以无法任意取方形计算，但是整体来说数字全部是两位数，而且数字较集中，魔术变得更加精彩了！这一切都是数学的妙趣啊！你是不是也想赶快学会呢？

不是超能力
但能见证奇迹的

Note

快快写下魔术
笔记！

第 **11** 招

交集

小加，你在台庆晚会上表演的加法读心术太精彩了！
我的同事们都说，你的魔术最令人印象深刻……

真的吗？难怪晚会后，粉丝团的点赞数迅速增加了两倍多。
怪不好意思的……

……

沉重…

乘乘，你怎么了？脸色好差，是不是哪里不舒服？

一言难尽……
我的团队中有人不遵守规定，为了将存货变现，竟私下和顾客进行交易，严重地影响了团队的工作氛围，我正在烦恼应该用什么方式处理。

如果是个案，就先尽快找到解决方案。我建议实行商品品项分工分阶制度，这样以后货物出现问题，就能通过找交集来锁定责任人，然后再把他排除在团队之外。

居然有这种事？太可恶了！

是不是？真让人生气……

162

第11招
拒绝凭借经验来解决问题
请从出错的交集中找答案

乘乘的博客图文并茂，故事性强，再加上超强的个人魅力，因此拥有很高的关注度。于是乘乘趁热打铁，利用流量优势，和团队成员从各地买进优质新鲜的货物，在博客上宣传销售，利润相当可观。

但是最近乘乘发现，团队中有人私下偷偷交易，由于采用的是团队合作方式，所以商品的品项进出，所有人都可以执行。乘乘领导大家一起集资，通过大量采购来压低成本。这种私下行为必定是因为有人觉得存货太多，想将一些存货变现，所以私下与顾客进行交易。乘乘为此十分生气，却不知道该怎么解决。

魔数师 Steven 建议："如果是个案，那就先尽快找到解决方案。该成员只是偶尔做出私下交易的行为，倒不用对其采取极端措施。我建议实行商品品项分工分阶制度。这样一来，从短期来看，大家一定知道该措施背后的意义；从长期来看，以后哪个货物出问题，马上可以通过纵向分阶知道哪一组成员有问题。又因为每组成员是横向分工作业，因此可以立刻找出两者交集，锁定出问题的成员，然后将其排除在团队之外。这样可以避免该类事件频繁发生，从而消除对团队产生的不良影响。"

小加和阿减不懂营销方面的知识，因此听得一头雾水。除爸惊讶地问："Steven，你连这些也懂啊？"

$x=y^2$

$\pi \approx 3.14$

魔数师Steven谦虚地说："懂一点儿，以前我父亲也做过生意，我多少了解一些。其实这些生意方面的事也离不开数学。比如线性规划，就是一个找到最大利益的经营方法，并不是店大、人多就赚钱。高中数学里面，这个知识点的例题几乎都与节省成本和赚取最大利益有关。"

运用交集找出旅行的路线

魔数师Steven接着说："我们刚刚提到的交集，在数学上很常见，实际上就是寻找交点。我可以用一个扑克牌读心术来演示一下。"

自从学了魔术后，大家的境遇都有所改善。除爸升职加薪了，阿减变得更加开朗了，小加由于在台庆活动中的出色表演，粉丝也涨了不少。现在大家一听到有魔术可学，无不兴奋地引颈期盼。

魔数师Steven请乘乘拿出一副扑克牌，恰好这副牌是乘乘带回来的纪念牌，牌面是各国的国旗。他请乘乘先将牌洗乱，然后从上面拿出25张牌，5张为一列，从左到右摊开在桌上。

这时，魔数师Steven对乘乘说："请你在心里随便选一张牌，然后记住它，可以直接记牌面上的国名，也可记牌的点数和花色。"

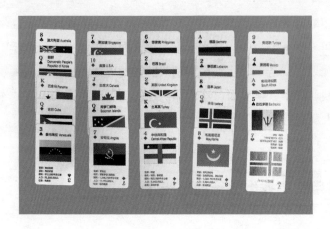

乘乘看了一下后说："我记好了！"

魔数师Steven用手指指着5列牌，从左向右数道："1、2、3、4、5，"然后转身背对牌问道，"请问你选的牌在第几列？"

乘乘回答："第3列。"

魔数师Steven说："请你把这5列牌重新叠起来，然后任意切牌数次。"

魔数师Steven转身回来，请乘乘把牌按照刚才的方式再发一次，然后问："现在你选的牌在哪一列？"

乘乘说："还是在第3列。"

魔数师Steven笑着说："你选的牌是红心2，英国！"

乘乘惊讶地叫道："你是怎么知道的？"

现场一片哗然，大家纷纷央求魔数师Steven赶快讲讲其中的奥秘……

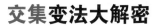

交集变法大解密

交集的奥义

❶ 请观众随意洗牌。

❷ 从中取出25张牌，5张为一列，摊成5列。请观众在心中任选一张，然后问他选的牌在第几列。

❸ 需要把那一列的第一张当作"指示牌"记住。魔数师Steven会把每列的第一张都记在心里，但是如果你记不住，可以等观众说完哪一列后，再记住该列的第一张。假设观众选的牌在第五列，那么其他四列就不用管了。下图我们特别标记出第五列，这里只需记得♥A这张指示牌即可。

❹ 请观众将牌叠起来，不论怎么切牌，观众选的牌都会在你记的那张指示牌后的5张之中。

❺ 当观众把牌再发一次，原来同列的5张牌一定会分散成横向排列。下图为刚刚图例的其中一种可能情形。

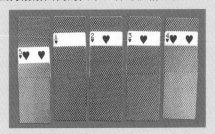

❻ 这时再问一次观众选的牌在哪一列，就可以根据交集确定答案了。

第
11
招

搜寻到数学女孩的踪迹

魔数师 Steven 心中仍惦记着数学女孩 Sharon，教会大家这个魔术后，他道了晚安，留下他们自行练习，自己便匆匆回到屋里。

正当魔数师 Steven 想着数学女孩 Sharon 的事时，他的手机响起。除爸传来了上午 10:00 至下午 16:00 的截图资料，原来除爸的三个同事分别在不同位置发现数学女孩 Sharon 的头像。下面是通讯软件显示的头像离他们所在位置的距离：

❶ 离花莲车站 8 千米。

❷ 离东华大学 11 千米。

❸ 离枫林步道 5 千米。

魔数师 Steven 如获珍宝，谢过除爸后，他便立即进行绘图分析。随后，魔数师 Steven 联络在大禹街卖东山鸭头的好友尤哥，请他去东大门开启通讯软件中"附近的人"功能，定位一下数学女孩 Sharon 的位置。根据魔数师 Steven 的估算，假设尤哥离数学女孩 Sharon 的距离为 x 千米，则 $3.7 < x < 7.6$。

尤哥把摊子交给太太照料，便飞奔到东大门，果然标定出数学女孩 Sharon 的位置离这里有 4.5 千米，和魔数师 Steven 的计算完全吻合！

尤哥在花莲有民宿，有饭店，还有东山鸭头店铺，是当地一位可以信赖的大哥。魔数师 Steven 马上把计算出来的结果给尤哥，麻烦他调查一下当地的民宿，并拜托尤哥帮他准备一间房，他准备明天就前往尤哥那里。

今天数学女孩 Sharon 一反常态，竟主动和魔数师 Steven 进行视频聊天，想来是有了重大进展。魔数师 Steven 虽然已经解开谜题，但仍不是很有把握，因此便没有将自己的方法告诉数学女孩 Sharon，想着等她说出自己的想法后，再和她讨论一下。

数学女孩 Sharon 开心地给出她的分析：

Martin 母子用第一张牌来表达"+""−"这件事。

如果第一张牌是四张中最大的牌，则计算为7+。

如果第一张牌是四张中最小的牌，则计算为7−。

如果第一张牌不是四张中最大或最小的牌，则答案为7。

数学女孩 Sharon 兴奋地说："我现在只剩下花色无法破解，就差临门一脚了。"

魔数师 Steven 的想法和数学女孩 Sharon 完全一致。他兴奋地夸赞道："不愧是我们系的数学女孩，我真是太崇拜你了。这个想法把三个图的数字破解了，现在只差花色，剩下一天的时间，我相信你一定可以解出来的。"

魔数师 Steven 边说边把那四张印出来的图片钉在墙上，最后深情地说："多亏有你，否则我还是一筹莫展。"

第11招

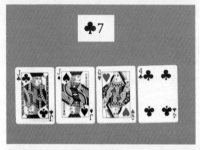

　　数学女孩Sharon充满自信地说："好的，我会继续努力。我相信我们俩一定可以帮助Martin，为他的妈妈再变一次神奇的心电感应魔术。"

　　魔数师Steven坚定地点了点头说："一定可以的！"

Steven的魔术秘诀大公开

定位

　　本章的重点是交集。前面的扑克魔术利用的就是扑克的横向和纵向排列，找出两者的交集，就像通过坐标来定位一样。

　　魔数师Steven找出数学女孩的位置，也是通过交集来定位的，我们看下面这张图。

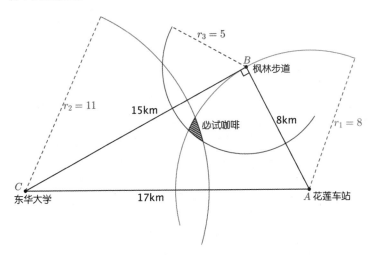

　　利用地图和手机软件显示的数据，可以将三个位置画成一个三角形。这个三角形恰好为直角三角形（三个边长关系符合勾股定理）。

$$17^2=8^2+15^2$$

　　魔数师Steven根据手机的定位数据画半径找交集，发现恰好有一家知名咖啡屋位于这个区域，但那是上午10:00至下午16:00的数据，若数学女孩Sharon晚上住宿与白天活动区域不同，仍然不知其住宿的地点，因此Steven才拜托朋友到夜市测定位置。选择的测定点为直角三角形斜边上的高与边AC的交点附近（东大门夜市）。

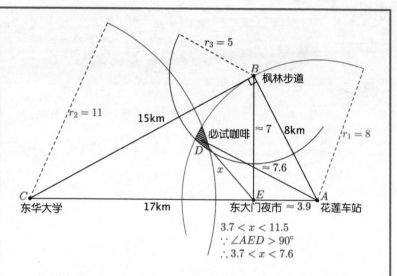

$$3.7 < x < 11.5$$
$$\because \angle AED > 90°$$
$$\therefore 3.7 < x < 7.6$$

枫林步道与东大门夜市之间的距离大约为7km。斜边上的高为 $(8 \times 15) \div 17 \approx 7.06$（边长 BE 约为三角形 ABC 斜边上的高）。利用手机地图，花莲车站到东大门夜市大约为3.9km，三角形 ABE 近似于一个直角三角形，从图上也可清楚判断，角 AED 必为钝角。

若以必试咖啡店（在斜线交集区中的咖啡店）为基准，地图显示花莲车站到必试咖啡店的距离约为 7.6 km，花莲车站到东大门夜市的距离大约为 3.9 km，则 x 大于边长 AD 与边长 AE 的差，小于边长 AD 与边长 AE 的和。

得 $3.7 < x < 11.5$

又角 AED 为钝角，所以三角形 AED 的最长边为 AD，得 $3.7 < x < 7.6$。

尤哥的测定为 $x = 4.5$，恰好佐证了魔数师Steven 的计算，也印证了几日前数学女孩Sharon 说她白天不会走太远的话。

根据坐标定位进行推算，我们就能找到Sharon！

172

第12招

真话

手机定位显示，Sharon 应该就住在这附近。

但是我该怎么向店家打听Sharon的事呢？

哈喽！可以点餐了吗？

好的，来一杯冰咖啡……冒昧地问一下，先生您是一个人来玩的吗？

啊……我要一杯冰咖啡。

是啊！顺便研究一些问题，希望你们好喝的咖啡可以给我提提神、醒醒脑，因为问题有点儿难……

最近有一位客人是大学数学系教授，天天来我们店里，她也说她在解密……也和你一样，桌上摆满了扑克牌。

你说的这个人好像是我的大学同学，我们都在研究这个问题……可以形容一下这个人吗？或是她有什么特别的地方？

这个嘛……那位客人告诉我,以前咖啡屋前面有一家民宿,里头有一座用玫瑰石布景的玫瑰花园。

但那家民宿去年就已经歇业了,她很怀念,因为那是她和男朋友第一次出游的地方……

哎呀,这个话题好像太沉重了,我们聊点别的吧……

对啊,不要说那么悲伤的事,不如我们来玩一个赌局吧!

如果我输了,就免费给你造一座玫瑰石花园;如果我赢了,一样免费帮你造,但是……

以后有人来这里拍照的话要收20元,捐给慈善机构帮助没有饭吃、没有书读的孩子。这样如何?

听起来怎么都不会亏。好啊,要怎么赌?

请记住1角、5角、1元这三枚硬币的位置和样子。

1角

5角

1元

接下来，我把硬币放进口袋，你除了要认真想象外，还要把想象化为真实，请先想象我们周围一片昏暗，只有身旁的小窗户透入一点儿光……

这束光温暖地照在我的手心，想象我手心里有三枚硬币，1角、5角、1元，等一下请你先挑一枚银色的硬币放入口袋。

接着，请将剩下的金色、银色两枚硬币拿到你的背后，一手握一枚。

拿

请你从这两枚硬币中想一个硬币，如果想的是金色硬币就说真话，如果想银色硬币就说谎话。

好的，我想好了！

你想的硬币在哪一只手里？

右手。

好，我已经知道你所有硬币的位置了！

口袋是1角，左手是1元，右手是5角。

哎呀！你是怎么猜到的？太神奇了！

我们重新把魔术再走一遍，然后用正、负号的性质来说明，你就会很容易理解了。我们把说真话设为"＋"，说假话设为"－"；想金币设为"＋"，想银币设为"－"。就像表格这样：

	答真话（＋）	答假话（－）
想金币（＋）	＋＋＝＋	＋－＝－
想银币（－）	－＋＝－	－－＝＋

首先你一开始从我手上挑硬币时，我就已经从你拿的位置判断是1角还是1元。

然后你一手拿一个硬币，不管你回答哪一只手，那只手一定是金币。

	左手（银币）	右手（金币）
想金币	答右手	
想银币		答右手

我懂了！

刚刚不论我是想金币说真话，或是想银币说假话，我的答案都会是右手。

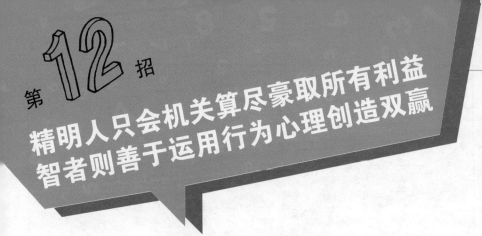

魔数师 Steven 给乘乘送早餐时，告诉她自己要去花莲几天，并将一叠资料交给她，请她向其他人说明。

随后他开车来到花莲，先到尤大厨民宿放好行李，然后骑上摩托车，开启手机社交软件的"附近的人"功能，循着数学女孩 Sharon 的头像来到了一间民宿。这时他发现她距离自己只有 100 米。看来她住在这里应该八九不离十！这间民宿离必试咖啡店只有 700 米，她很有可能平时就是在那里喝咖啡。

突然，他从咖啡店的窗外看到里面靠窗的位置坐着一个女孩，那个女孩就是数学女孩 Sharon……

下午三点多，数学女孩 Sharon 离开咖啡店。魔数师 Steven 来到咖啡店，坐在刚才 Sharon 坐的位子上，打开和她一样的笔记本电脑，拿出和她一样的钢笔和扑克牌，桌子上放着几张写满算式的稿纸。唯一不同的是，魔数师 Steven 的牌是蓝色的，数学女孩 Sharon 的牌是红色的，那还是魔数师 Steven 送她的。

魔数师 Steven 知道，现在大家都很重视对他人隐私的保护，若贸然向店长询问 Sharon 的情况，很可能会遭到拒绝。因此他决定采用这种方式，目的是吸引店长的注意，并引发她的好奇心，让她主动说出 Sharon 的情况。

果不其然，店长好奇地前来攀谈："先生，您是一个人来玩的吗？"

魔数师Steven回答："是啊，顺便研究一个谜题，希望借助你们好喝的咖啡来提提神、醒醒脑，因为这个谜题有点儿难。"

店长瞪大眼睛说："刚刚有一位女客人是数学系教授，最近天天来我这里，她也说自己正在解谜，而且和你一样，桌上摆满了扑克牌。"

魔数师Steven故作惊讶地说："你说的这个人和我的一个大学同学很像，我们都在研究这个谜题。你可以形容一下这个人吗？或是她有什么特别的地方？"

店长从柜台后面拿出一张照片，是店长的独照，她旁边是和人一样高的玫瑰花造景。她把照片递给Steven说："她话不多，每天都是早上九点来，下午三点离开，中午十二点准时吃午餐。她每次来都坐在你现在这个位置，一个人边玩牌边研究问题。倒是有一件事，她一直耿耿于怀。有一次，我问她怎么在这里待这么多天，她告诉我，她以前和男朋友来过这里。过去，我们咖啡屋前面有一家民宿，庭院里有一个大型玫瑰花造景，是用花莲特有的玫瑰石堆砌的，游客都会在那里拍照。可是去年那家民宿关门了，那些造景石头也被拍卖了，那位教授好像很惦记那个地方，毕竟那里是她和男朋友第一次出游的合照景点。"

声东击西的双赢策略

魔数师Steven听完后沉思片刻，对店长说："店长，我想和您玩一个赌局。这个赌局的条件是这样：如果我输了，我免费在您的庭院里做一个照片上的那种造景；如果我赢了，我一样免费给您造一个，但是以后拍照的收入要捐给慈善机构，帮助没有饭吃、没有书读的孩子。您觉得如何？"

店长想了想，这对自己百利而无一害，既节省了造景的成本，又增添了景点价值，还能做公益，无论怎样，对咖啡店的生意都有好处。于是她爽快地答应说："好啊。怎么赌？"

魔数师Steven拿出1角、5角、1元三枚硬币放在手心，他要店长记住这三枚硬币的位置，然后就把硬币收进口袋。

魔数师Steven伸出左手，手心向上，语气温和地说："接下来您要认真想象，想象每个细节，就好像一切是真的一样。请您先想象我们周围一片昏暗，只有我们身旁的小窗户透入一点儿阳光，阳光温暖地照在我的手心，想象我的手心里有3枚硬币，1角、5角和1元，请您先挑一枚银色的硬币放进口袋！"

店长煞有其事地挑了一枚隐形的钱币放到口袋，店员和其他桌的客人都被吸引过来。看着店长做完这个动作，没人知道她选了什么硬币，大家都很好奇接下来会发生什么事。

魔数师Steven接着说："请将剩下的金银两枚硬币拿到您的背后，然后一手握一枚。"

店长照做，并假装在背后摇晃混乱硬币，然后一手握一枚。

"请您从这两枚硬币中挑选一枚，然后回答我的问题。如果您选的是金币就说真话，如果选的是银币就说谎话。"

店长回答："我选好了！"

魔数师Steven问道："您挑选的硬币在哪只手里？"

店长说："右手！"

魔数师Steven笑着说："赌局开始，现在我已经知道您所有硬币的位置了。"

店长和众人瞪大眼睛，等待见证奇迹的时刻……

魔数师Steven自信地说："您的口袋里放的是1角，左手握的是1元，右手握的是5角。"

店长惊讶地张大了嘴巴："吓死我了，好可怕！你看我都起鸡皮疙瘩了，怎么可能呢？我真是服你了，你去选一个位置，你爱怎么堆就怎么堆，太厉害啦！"

旁边的人也看傻了眼，你一言我一语，纷纷猜测魔数师Steven的读心术到底是怎么办到的。

店长兴奋地说："太厉害了，我一定要交你这个朋友，这个赌局就算我赢了，也会把钱捐出来做公益。"

魔数师Steven微笑着道谢，感谢店长愿意给他提供地方做造景，其实这才是他的目的。从一开始，他的目标就是免费得到一个地方。因为在这里买地既不经济，也不符合自己的生活需求。这个赌局可以说是一场商业谈判，Steven采取声东击西的策略，不仅节省了自己购买土地的成本，而且结识了一位朋友，最终实现了双赢。

Steven太厉害了！我真是太佩服你了！

真话变法大解密

硬币到底在哪里?

第一阶段: 挑银币

魔数师Steven说: "请你先想象我们周围一片昏暗,只有身旁的小窗户能透入一点儿光,光线温暖地照在我的手心,想象我手心里有三枚硬币,分别是1角、5角、1元。"

这句话是把虚拟的情境具象化,所以语速不能太快,语气要温和低沉。

初学者说这句话时,可以先放三枚真硬币,然后再把它们拿走,这样成功率会比较高。高手一般无须使用硬币,直接采用话术引导即可。

三个硬币的位置如下图所示。

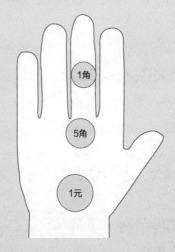

我们知道,1角和1元硬币都是银色的,5角硬币是金色的。所以当参与者从你手上挑取银色硬币时,你可以从"他拿的位置"判断他挑的是1角还是1元。(旁观者以为参与者是乱取,而参与者在游戏的过程中,也很难发现自己的动作已经暴露了硬币的信息。)

所以第一阶段他挑什么硬币,表演者是知道的。

第二阶段：挑金银币

魔数师Steven接着说："请您从这两枚硬币中挑一枚，如果挑的是金色硬币就说真话，如果挑的是银色硬币就说谎话。"

店长回答："我挑好了！"

魔数师Steven问："您挑的硬币在哪只手里？"

店长回答："右手！"

这个部分很简单，观众回答的那只手里一定是金色硬币。以文中的故事为例，店长右手握的一定是金色硬币。

发现关键密码

下午六点左右，魔数师Steven回到尤大厨的饭馆吃晚餐。正在这时，数学女孩Sharon打来电话，语气异常兴奋。她告诉魔数师Steven，她已经解开了谜题。

魔数师Steven赶紧回到房间，把摄像头视角所及的地方布置得和自己房间一模一样，然后才与数学女孩Sharon开始视频聊天。

数学女孩Sharon充满自信地说出自己的分析："我们回顾一下昨天的进展，Martin母子用第一张牌来表达'+'和'-'。如果第一张牌是四张中最大的牌，则计算为7+；如果第一张牌是四张中最小的牌，则计算为7-；如果第一张牌不是四张中最大或最小的牌，则答案为7；原本剩下花色无法破解。

"昨天你不是把这三张图片钉在墙上了吗？今天下午，我突然想到如何控制花色了。我发现，他们是利用象限来控制花色的。

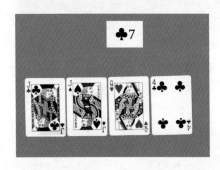

　　"你看看每一张照片，因为拍摄者是 Martin 的妈妈，所以她可以自己选择拍摄角度。整个图画可以分成四个象限，偏第一象限的是♠（黑桃的头有1个尖尖），偏第二象限的是♥（红心的头是2个圆），偏第三象限是♣（梅花的头是3个圆），最后偏第四象限是◆（方块有4个角）。"

　　魔数师 Steven 瞪大眼睛赞叹道："你真的太厉害了，教授。"

　　数学女孩 Sharon 假装生气地说："喂！不是说好别叫我教授吗？被你这个天才同学这样叫，总有一种怪怪的、被嘲讽的感觉。"

　　魔数师 Steven 促狭地说："娘娘息怒，微臣不敢！您的分析让我对您的景仰犹如滔滔江水，连绵不绝！"

数学女孩Sharon笑着说："还犹如黄河泛滥一发不可收拾呢！少在那里哄我，言归正传啦！你看题目，第一张K是最大的牌，所以是7+，中小大=3，7+3=10，照片中的牌偏第一象限，所以花色是黑桃，答案一定是黑桃10。"

魔数师 Steven 的想法和数学女孩 Sharon 的想法完全一致，答案也完全一样。如果明天一早就把国外的假照片和这个答案传给Martin的母亲，应该可以蒙混过关。

魔数师 Steven 趁着数学女孩 Sharon 心情大好，故意说道："喂，看你头脑清晰，心情愉悦，我猜你一定是在风景秀丽的地方。多住几天，顺便把那些世纪难题解决一下，发表出来，以后出国演讲，带同学我出去开开眼界。"

由于心情很好，数学女孩 Sharon 的脸色更加红润，看起来更美了。她开心地说："你想得太多了！我是想多住几天，但我希望

你可以再给我一些谜题，好久没享受这样的解谜快感了。"

魔数师Steven趁机说："老同学，玩个心电感应游戏怎么样？"

"怎么做？"

魔数师Steven用低沉的声音说："从50~100之间选一个两位数，两个数字不要一样，要偶数，好了吗？"

数学女孩Sharon想了一下，说："好了。"

魔数师Steven立刻问道："你选的数含有6，对吧？"

"对。"

魔数师Steven拿起手机，边写信息边说："答案已经传到你的手机上了。"

数学女孩Sharon看后大吃一惊，大声叫道："怎么可能！这是什么邪术？快教我。"

魔数师Steven神秘兮兮地说："这个心电感应的成功率只有百分之七十，但是对于像你这样高学历、爱读书、很专注的人来说，成功率会大幅提升。这是你今天的功课，明天交报告，我心中的大石头终于落地了，我要睡觉啦！你快去研究吧！"

没等数学女孩Sharon回答，魔数师Steven就下线了。

其实，搬完心中的石头，魔数师Steven手上还有石头……

第**12**招

真话——精明人只会机关算尽豪取所有利益 智者则善于运用行为心理创造双赢

Steven的魔术秘诀大公开

说真话的秘密

在本章的魔术中,该怎么判断对方手里的硬币呢?我们可以利用正负号的性质帮助理解。

	答真话（＋）	答假话（－）
想金币（＋）	＋＋＝＋	＋－＝－
想银币（－）	－＋＝－	－－＝＋

我们把说真话设为"＋"、说假话设为"－",想金币设为"＋"、想银币设为"－",所以不会有"－＋"与"＋－"的情形。

我们试想一下,假设左手握的是金色硬币,右手握的是银色硬币。

魔数师Steven说:"请你从这两枚硬币中挑选一枚,如果选的是金色硬币,等一下就回答真话,如果选的是银色硬币就回答假话。"

	左手（金币）	右手（银币）
想金币	答左手	
想银币		答左手

观众回答:"我挑好了!"

魔数师Steven问:"你选的硬币在哪只手里?"

观众回答:"左手。"(不论是哪一种情形,他都会答左手,即握有金色硬币的那一只手。)

第12招

象限的创建和意义

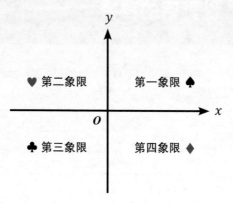

在Martin和母亲的谜题中，扑克牌的花色就是利用象限来控制的。
四个象限的坐标性质如下：

第一象限中的点：$x>0$，$y>0$

第二象限中的点：$x<0$，$y>0$

第三象限中的点：$x<0$，$y<0$

第四象限中的点：$x>0$，$y<0$

值得注意的是，原点和坐标轴上的点不属于任何象限。

法国数学家笛卡尔反复思考一个问题：几何图形是直观的，而代数方程是抽象的。能不能把几何图形与代数方程结合起来？也就是说，能不能用几何图形来表示方程呢？

想要达到此目的，关键是如何把组成几何图形的"点"和满足方程的每一组"数"挂上钩。他在一次生病时，躺在床上苦苦思索如何把"点"和"数"联系起来，突然看见屋顶角落处的一只蜘蛛顺着蛛丝垂下来，又顺着丝爬上去。蜘蛛的"表演"使笛卡尔的思路豁然开朗。

正所谓"数缺形时少直觉，形缺数时难入微"，直角坐标系的创建，在代数和几何之间架起了一座桥梁，它使几何概念可以用数来表示，也使几何图形可以用代数形式来表示。此后，笛卡尔在创立直角坐标系的基础上，开创出用代数的方法来研究几何图形的数学分支——解析几何学。

真话——精明人只会机关算尽豪取所有利益 智者则善于运用行为心理创造双赢

心电感应（70%成功率）

魔数师Steven用低沉的声音说："从50~100之间选一个两位数，两个数字不要一样，要偶数，好了吗？"

"两个数字不要一样，要偶数"这句话要连着讲，语速要快！

符合条件的数字有这几个：62、64、68、82、84、86。

（当我们强调两个数字是偶数时，一般人不会说60、80，因为一般人不会想到0。）

数学女孩Sharon回答："好了。"

魔数师Steven立刻问道："你选的数含有6，对吧？"

如果对方回答没有，那么肯定是82或84。这时可以先说82，如果正确，对方就会点头；如果看对方没有反应，就接着念82、84、82、84、82、84……假装自己在感应，然后说84。

故事中，数学女孩Sharon迅速回答："对。"

一般来说，如果对方迅速回答"对"，那他选的数就是68；如果想一下才回答"对"，那么选的数就是86。（这里需要经验。）

那么为什么不是62或64呢？这是一个心理控制的技巧，因为"从50~100之间选一个两位数"这句话，会令人不喜欢说出2或4。根据统计实验，第一次玩这个游戏的人大多会选68；而且只要将节奏控制好，经过大量练习后，诱导对方选68的成功率会更高。

这个魔术你学会了吗？

189

不是超能力
　但能见证奇迹的

魔术数学

Note

第13招

善意的谎言

192

原来阿姨早就知道我假冒 Martin 的事……抱歉，没能帮上忙……

别这么说，她特别交代我要告诉你，你做得很完美……

只是以 Martin 的个性，不可能这时候出国，而且完全不来看她……

另外，他也不会像你这么细心，总是无微不至，嘘寒问暖。

她还说你分享了好多 Martin 在学校和教育研究上的出色表现，大大温暖了她这个做母亲的心，真的非常感谢你！

伯父，这次密码的破解多亏一个人，就是 Martin 当时交往的女友 Sharon……

在阿姨的告别式后，可以麻烦伯父您和我一起向 Sharon 说明吗？请她不要活在自责与愧疚之中……

事发当天 Martin 带着戒指准备求婚，至今 Sharon 一直对他的意外耿耿于怀。

这当然没问题，怎么可以耽误一个女孩子的大好青春！另外，你的阿姨想收你为义子，不知你是否愿意？

这个魔术的奥秘是这样的，首先要设定好

$$A + B + C + D + E + F + G + H + I + J = 想预言的数字，$$

并算出每个坐标位置的值。

	F	G	H	I	J
A	$A+F$	$A+G$	$A+H$	$A+I$	$A+J$
B	$B+F$	$B+G$	$B+H$	$B+I$	$B+J$
C	$C+F$	$C+G$	$C+H$	$C+I$	$C+J$
D	$D+F$	$D+G$	$D+H$	$D+I$	$D+J$
E	$E+F$	$E+G$	$E+H$	$E+I$	$E+J$

因为不会选到同行同列，所以 A~J 的数字只会出现一次，而且每个都会出现，所以最后选择会是定值。

以Martin的生日3月13日为例，首先 A~J 这十个数字可以自由设定，例如我们随意填写51、20、33、12、36、23、32、41、17、48 等十个数字，记住，只要总和是 Martin 的生日313即可。

	$F=23$	$G=32$	$H=41$	$I=17$	$J=48$
$A=51$					
$B=20$					
$C=33$					
$D=12$					
$E=36$					

依序分别两两相加，我们就可以进行互动魔术了。

	$F=23$	$G=32$	$H=41$	$I=17$	$J=48$
$A=51$	$A+F=74$	$A+G=83$	$A+H=92$	$A+I=68$	$A+J=99$
$B=20$	$B+F=43$	$B+G=52$	$B+H=61$	$B+I=37$	$B+J=68$
$C=33$	$C+F=56$	$C+G=65$	$C+H=74$	$C+I=50$	$C+J=81$
$D=12$	$D+F=35$	$D+G=44$	$D+H=53$	$D+I=29$	$D+J=60$
$E=36$	$E+F=59$	$E+G=68$	$E+H=77$	$E+I=53$	$E+J=84$

任意选择五组坐标。如果以横向为 x 轴，以纵向为 y 轴，则每组坐标的形式为 (x, y)，且 x、y 的值都要从 1~5 中选择。需要注意的是，各组坐标中的 x 值不能重复，y 值也不能重复。例如这五组坐标，x 坐标和 y 坐标各自数字均没有重复。

(3,5) → 92
(2,3) → 65
(4,1) → 53
(1,2) → 35
(5,4) → 68

最后相加数字就是：
92 + 65 + 53 + 35 + 68 = 313
即Martin的生日3月13日。

哈哈……原来是这样。Steven，我代表你干妈谢谢你。

相信她在天上一定会很开心。

魔数师 Steven 将答案"♠10"与国外的照片传给 Martin 的母亲，并假装 Martin 的口吻，长篇大论地表达自己最近有多忙、有多思念母亲。

当魔数师 Steven 正得意自己的聪明才智时，对方传来一个哈哈大笑的聊天表情，接着又发来一行字，顿时让魔数师 Steven 心里五味杂陈。

"谢谢你！Steven，你好厉害！"

魔数师 Steven 立刻回了一句："妈，您在说什么？"

突然，魔数师 Steven 的电话响起，是 Martin 的父亲……

Martin 的父亲说："Steven，谢谢你，刚刚那行字是你阿姨的遗言，她知道你一定能破解这道谜题，因此事先留下了那句话。Martin 的妈妈前天走了。其实，她一直都知道我们瞒着她 Martin 的事，她怕我担心，所以一直忍着没说。她说，你一定会怀疑自己哪里没有做好，但其实你做得非常完美。只是她通过两件事判断出 Martin 出事了！第一，以 Martin 的个性，不可能在这个时间出国，并且出国前也没来看她；第二，你表现得太完美了，只要天冷，就会留言说你穿得很厚，不用担心；每次坐飞机，你都会把起航时刻及到达时间告诉她，一降落就会留言报平安。这些都是一个母亲非常在意的事，你从不等她问，就把这些事及时告诉了她，Martin在这方面可没有这么细腻！"

Martin 的父亲接着说："你阿姨说，你每次来看她或是给她发信息，都不紧不慢，完全配合她的速度。另外，你还分享了好多 Martin 在学校的事情，又告诉她很多 Martin 在学术研究方面的成就，这些都大大温暖了她这个做母亲的心，她非常感谢你。"

魔数师 Steven 哽咽得说不出话，像一个孩子一样哭了起来。反倒是 Martin 父亲一直在安慰他。有这样的情绪很正常，一年多来，他一直扮演 Martin 的角色与其母亲对话，他们之间的关系不知不觉间已如真正的母子般亲近。

魔数师 Steven 调整好情绪，对 Martin 的父亲说："这次谜题的破解多亏一个人，就是 Martin 当时交往的女友，她为解开这道谜题花了很多心思。她一直对 Martin 的意外耿耿于怀。我通过分析上次向伯父要的行车记录仪中的数据，确定 Martin 没有超速；其他的学长还告诉我 Martin 在骑车前两个多小时，只喝了一口啤酒，当然也不是酒驾。我已经掌握了关键性的证据，知道造成 Martin 意外的到底是什么了。"

魔数师 Steven 停顿了一下，接着说："另外，那天 Martin 不是被 Sharon 叫回去的，而是 Martin 带着求婚戒指准备在圣诞夜向 Sharon 求婚，给她个惊喜，那个戒指还在吧？在阿姨的告别仪式后，可以麻烦您和我一起向 Sharon 说明吗？因为她直到现在还活在自责与愧疚之中。"

Martin 的父亲立刻答应了魔数师 Steven 的请求："这当然没问题，怎么可以耽误一个女孩子的大好青春呢！另外，有件事想向你询问，你阿姨想收你为义子，不知你是否愿意？"

魔数师Steven毫不犹豫地回答："这是我的荣幸！我也会以义子的礼节为干妈送行。"

利用坐标轴计算出生日

Martin的父亲感慨道："好、好！你真是一个好孩子！你还记得上次你变了一个数学魔术给你干妈看吗？你让她用数字1~5分别填入x与y的位置，5个x不能重复、5个y也不能重复，那五个坐标的数字加起来恰好是313（Martin的生日）。你告诉她说，她想念谁，谁的生日就会出现。她一直不相信那是巧合，她说如果可以的话，请你在告别仪式上把其中的奥秘烧给她。"

魔数师Steven啜泣着说："干妈也太可爱了！她怎么不直接问我呢？"

Martin的父亲安慰道："别伤心！是你让她有事做、有问题想，她才不无聊。很多数学家也是体弱多病，但是沉浸在数学的研究中，就忘却了病痛和烦恼。是你帮你的干妈在这些日子不那么悲伤空虚的。"

魔数师Steven看着手机里那张数字方阵的照片，禁不住又流下了眼泪……

5	74	83	92	68	99
4	43	52	61	37	68
3	56	65	74	50	81
2	35	44	53	29	60
1	59	68	77	53	84
0	1	2	3	4	5

(3,5) → 92

(2,3) → 65

(4,1) → 53

(1,2) → 35

(5,4) → 68

92+65+53+35+68=313

善意的谎言变法大解密

预言坐标

(,) →

(,) →

(,) →

(,) →

(,) →

非常神奇的坐标预言!

观众分别从1~5中选择x坐标值和y坐标值,不能重复。选出来的数字相加,必为313。

想知道这个魔术如何设计出自己想要的数字,请看本章的"Steven的魔术秘诀大公开"(详见P202)。

第13招

不是超能力
但能见证奇迹的

魔术数学

重建玫瑰石花园

　　魔数师 Steven 将今天发生的事情告诉了数学女孩 Sharon，并告知她 Martin 的意外完全和她无关，过几天他会将所有的证据和结论给她，并且约她去参加干妈的告别仪式。由于心情不佳，今天魔数师 Steven 不想视频聊天，数学女孩 Sharon 给他发信息，他也只读不回……

　　随后，魔数师 Steven 打了几通电话，其中一通是打给必试咖啡店的店长，让她别告诉数学女孩 Sharon 他来了花莲。到了深夜，魔数师 Steven 开着租来的小货车在小径上穿梭数次，直到阳光赶走了星月，他才满身大汗地回到民宿。洗澡时，一阵刺痛从手掌袭遍全身，他这才发现手掌已破了皮。他尽量保持冷静，专注地完成眼前这件事情。魔数师 Steven 相信，在这段假期之后，他周遭的世界会有不一样的转变。

　　数学女孩 Sharon 已经连续三天没有魔数师 Steven 的消息了。每天晚上，魔数师 Steven 只发来"晚安"两字，这让她十分担心。以前魔数师 Steven 的心情再怎么不好，也会听她的开导或安慰。她突然有些思念 Steven 了。她默默地盯着自己在电脑上偷偷截下的图像，看着 Steven 自信而帅气的面庞，猛然发现……

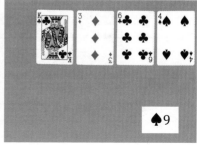

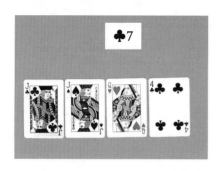

  魔数师Steven钉在墙上的几张图片恰好是按照她推理出的象限规律排列的，这也太巧了吧；而且视频聊天时，聊天者一般会将自己置于镜头中央，但是魔数师Steven却故意把镜头的重点放在墙上。若不考虑全部竖排或横排的情形，将图片随机放置在四个象限中共有24（4!=24）种放置方式，但是魔数师Steven放在墙上的图片却和推理出来的方式恰好一致（概率是$\frac{1}{24}$）。可见，这不是巧合，而是他故意为之。也就是说，魔数师Steven早就发现了破解方法，但是他却把功劳让给了她，让她觉得自己为Martin做了一些事，这样心情就会好受些。这些日子以来，魔数师Steven耐心地陪伴Martin的家人，一大半原因应该也是为了她吧！想到这里，数学女孩Sharon对魔数师Steven的思念更加深了。

Steven的魔术秘诀大公开

绘制预言坐标

请观察一下Steven在预言坐标魔术（数字之和为313）中所使用的表格。

	23	32	41	17	48
51	74	83	92	68	99
20	43	52	61	37	68
33	56	65	74	50	81
12	35	44	53	29	60
36	59	68	77	53	84

原理解析：

	F	G	H	I	J
A	A+F	A+G	A+H	A+I	A+J
B	B+F	B+G	B+H	B+I	B+J
C	C+F	C+G	C+H	C+I	C+J
D	D+F	D+G	D+H	D+I	D+J
E	E+F	E+G	E+H	E+I	E+J

$A+B+C+D+E+F+G+H+I+J=$ 预言的数字（定值）

为什么观众的选择是定值，因为不会选到同行同列，所以 A~J 的数字只会出现一次，而且每个都会出现。你学会了吗？是不是也想设计一个专属于自己的预言坐标魔术呢？

　　下面我提供一个数字之和为520的表格，大家可以用来求婚和表白哦！

　　作者的一个学生曾在求婚时，把他和女友出游的生活照贴成5×5的方格，照片上有菜单价格、车牌号码、房间号码、机票号码等数字，在女友选完五张照片后，照片中的数字之和为520，真是超级浪漫啊！

　　数字之和为520的表格范例：

	50	73	41	62	84
25	75	98	66	87	109
39	89	112	80	101	123
43	93	116	84	105	127
67	117	140	108	129	151
36	86	109	77	98	120

5	75	98	66	87	109
4	89	112	80	101	123
3	93	116	84	105	127
2	117	140	108	129	151
1	86	109	77	98	120
0	1	2	3	4	5

第14招

布局

现在这里有九个格子，每个格子是一个国家名。请你们心里先想着自己在中国，然后请走5步，可以横向、纵向、来回移动，但是每步只能走一格。

泰国	新加坡	韩国
越南	中国 ✈	马来西亚
菲律宾	印度尼西亚	日本

大家一起飞去海岛度假吧！

嗯……应该先飞到新加坡，再转机到其他地方。

我跟着小加一起飞！

我先去越南出差，再和你们会合。

你们都走好了吗？现在我要公布自己第一阶段的预测。

……我知道了，你们不在泰国、菲律宾和日本这些国家。

	新加坡	韩国
越南	中国 ✈	马来西亚
	印度尼西亚	

咦？你是怎么猜到的？

……

再继续玩下去，我不信你有这么厉害！

哈哈……请大家注意看！首先建立一个观念，把图中的灰色格视为偶数点，白色格视为奇数点。

口诀操作步骤如下：

5去三角： 偶数（中国）+奇数（5步）=奇数。从中国出发奇数步，必定不会在偶数点上，所以可以拿掉泰国、菲律宾、日本。

5去左下：（白色格）奇数+奇数（5步）=偶数。因此白色格（奇数点）不会有人选择，所以拿掉越南和印度尼西亚。

4去头顶：（灰色格）偶数+偶数（4步）=偶数。去除白色格（奇数点）的新加坡。

3留右边：（灰色格）偶数+奇数（3步）=奇数。依照以上口诀，按情景内容操作，必留在右边的马来西亚。

泰国	新加坡	韩国
越南	中国 ✈	马来西亚
菲律宾	印度尼西亚	日本

唉！结果Steven全都猜对了，到头来……

旅费还是得自付。可恶！

我还没去过马来西亚，真期待呀！

那……我们也一起去吧？

早就在安排行程了！

第 14 招

善用九宫格布局术
发现理想的旅行地图

今天是星期日，魔数师 Steven 利用午餐时间跟好友们视频聊天。他忽然问小加："想不想要独家新闻？"

小加知道魔数师 Steven 最近心情不好，特意逗他开心说："我现在只想你，你什么时候回来？找到数学女孩 Sharon 就把我们忘啦！"

魔数师 Steven 笑着说："哈哈，谢谢你逗我开心，我是真的要给你一个超级任务。"

"当然没问题！这还用问，你知道我们这行抢一个独家新闻就意味着升官发财啊。"

"可是这次任务我希望阿减当你的护花使者，一来可以保护你，二来他可以提供现场报道的专业知识，你愿意吗？"

阿减没等小加回答，就抢着说："谢谢 Steven 给我这个机会。我非常愿意！几天我都愿意！"

小加娇羞地瞪了阿减一眼。

乘乘和除爸在一旁，嚷着说好几天没看魔数师 Steven 变魔术了。

魔数师 Steven 说："好吧！我们来玩个旅游九宫格戏游。如果我猜错了，你们的旅费我包了；如果我猜对了，请大家自费旅游。"

除爸惊讶地说："通过视频也能玩魔术吗？"

乘乘斜眼看着除爸说："呵呵！他可是'外星人'啊！"

出发！旅行齐步走

魔数师Steven在屏幕上绘出九个格子，每个格子里写着一个国家名。

泰国	新加坡	韩国
越南	中国 ✈	马来西亚
菲律宾	印度尼西亚	日本

画完后，魔数师Steven说："请你们心里先想着自己在中国，然后走5步，可以横向、纵向、来回移动，但是每一步只能走一格。预备，开始……"

等大家走完后，魔数师Steven神秘兮兮地说："我知道了，你们不在这些国家。"

说罢，他删除了三个国家名。大家面面相觑，果然没有人待在这三个国家。

	新加坡	韩国
越南	中国 ✈	马来西亚
	印度尼西亚	

不是超能力
但能见证奇迹的

"请再走 5 步，空白区不能走。"Steven 接着说。

大家走完后，他又删除了两个国家名。

	新加坡	韩国
	中国	马来西亚

"请再走 4 步。"

随后，屏幕上又消失了一个国家名。

		韩国
	中国	马来西亚

"最后，请走 3 步。"

屏幕上只剩下了一个国家。

		马来西亚 ✈

魔数师 Steven 笑着说："你们停在马来西亚。"

屏幕前的四个人惊叫起来，他们一起见证了魔数师 Steven 的魔术奇迹，纷纷猜测着这个魔术的奥秘。通过屏幕也能变魔术，真是让他们大开眼界。

212

布局变法大解密

九宫格旅行

5 去三角

5 去左下

4 去头顶

3 留右边

依照以上口诀，按文中的情境及要求操作，最后必然停在右边的马来西亚。

泰国	新加坡	韩国
越南	中国 ✈	马来西亚
菲律宾	印度尼西亚	日本

爱在520玫瑰花石花园

魔数师 Steven 规划好马来西亚的布局之后，给手和脚擦了点药，便倒头睡觉。"今天终于完工了。"想到这里，他露出了甜蜜的微笑。

咖啡店店长指着窗外覆盖红布的地方对数学女孩Sharon说："小姐，我想告诉你一件事，你可以随我到庭院前面那块红布那里吗？"

数学女孩Sharon满脸疑惑地望向那个地方："喔！可以啊！"

店长解开绳子，拉下红布，映入眼帘的是一座玫瑰花石造景。

这个造景总共由大大小小520片石块堆砌而成，没有用到任何黏合剂，全凭石块的几何特征相互嵌合而成。

数学女孩Sharon惊讶地问道："这个……是你们的新造景吗？是因为我上次说……"

店长笑着摆摆手说："不是啦！这个石材很贵，这样的一座造景光成本就五十多万，人工还没算呢！这个是一位来自台中的数学老师搭建的，应该是为你搭的吧！"

数学女孩Sharon禁不住流下了眼泪，赶紧追问道："他人呢？"

"他现在应该在睡觉。这几天他总是半夜里施工，一个人搬运石头，砸伤了好多次手和脚。我要帮他，他都不要，说他白天可以休息，叫我帮他照顾好这些石材就行。我问他为什么要做这些，他说只要有一个人能感到开心，在这个造景旁拍一张照片，他就感觉值得了。他怕你这几天离开，所以赶工搭建，每天都干十三四个小时。有一次，我以为他的手套沾上了红色的污渍，贴近一看才知道那全是血，他不像是个会做这种粗活的人，这几天真是难为他了！"

数学女孩Sharon紧张地问道："他住哪儿？"

"这我就不知道啦！他今天要回台中了，只发信息告诉我，今天要把红布揭开，让你开开心心地拍几张照。"

数学女孩Sharon向店长借了一辆摩托车，匆匆地离开了必试咖啡店……

爱情是一种心甘情愿的付出

咚咚咚！咚咚咚！急促的敲门声惊醒了魔数师Steven，他开门

一看……

数学女孩Sharon一看到魔数师Steven，便忍不住哭了起来。她看到Steven蓬头垢面，手指上布满伤痕，走路一跛一跛的。原来这就是魔数师Steven不与自己视频聊天的原因。屋内的布置像极了Steven家中的样子，应该是他为了和自己视频聊天而特意摆设的。她找到魔数师Steven用了3小时51分钟，那魔数师Steven找到她呢？得花费多少时间和精力呢？想到这里，数学女孩Sharon哭着喊道："你这个笨蛋！"

魔数师Steven看到数学女孩Sharon手机开着"附近的人"功能，便明白了一切，但他故作惊讶地说："怎么这么巧？你在这里干吗？"

数学女孩Sharon哭着说："你明知故问，你这个笨蛋，笨蛋，笨蛋……"

魔数师Steven拿出纸巾递给数学女孩Sharon，让她坐下平复一下心情，自己则赶紧到浴室洗漱一番……

房间里弥漫着一种难以言表的微妙气氛，两个人都不知道该说些什么。魔数师Steven背对数学女孩Sharon，假装收拾桌上的物品。

数学女孩Sharon率先打破僵局，说道："你明知道我的心里装着Martin，以你的条件完全可以找到一个全心全意爱你的女孩。这段时间我分不清楚我是喜欢你，还是把你当成他的替代品，这样对你不公平！"

魔数师Steven平静地说："我不要公平，我不在乎自己是不是Martin的替代品，你只要接受Martin的意外不是你的错，接受爱我

不代表不爱他的逻辑，对我来说就够了。爱情不是公平，爱情是一种心甘情愿的付出。”

忽然“啪啦”一声，扑克牌掉落满地……

魔数师Steven吃力地捡着地上散落的扑克牌，曾经扑克牌在他手中宛如孙悟空使金箍棒那般熟练精巧，现在却连拿都拿不稳。数学女孩Sharon看到他那双原本如女生般白皙纤巧的手，如今伤痕累累，有些伤口还在渗血，难过地从背后抱住了他……

“你愿意和我去玫瑰石花园拍一张合照吗？不代替谁，就是我和你的定情照。”数学女孩Sharon动情地说。

魔数师Steven用幽默的话语来掩饰内心的激动：“我可以因为这句话告诉我们的小孩，是你先向我表白的吗？”

数学女孩Sharon被Steven逗得破涕为笑，她大声说：“喂！是你先说那个……圆周率的第325~327位（520）的！”

“对啊！我只是说了数字，别的什么也没说哦！定情照可是你说的哦，哈哈！”魔数师Steven笑着做了个鬼脸。

数学女孩Sharon不依不饶：“那样算是你先表白吧？你先追我的！”

魔数师Steven却一直在得意地笑……

数学女孩Sharon像个小女生一样噘嘴说：“你笑什么啊！”

魔数师Steven看着Sharon，一字一顿地说：“重点不是谁追谁，是我说要把这件事告诉我们的小孩，你却完全视为理所当然！哈哈哈……”

两人在打闹嬉笑中忘却了之前的烦恼，骑着摩托车向玫瑰石花园驶去。路旁美丽的花朵随风舞动，似乎在为两个人的爱情道喜祝福。

Steven的魔术秘诀大公开

九宫格旅行解密

首先把图中的灰色格子视为偶数点，白色格子视为奇数点。

5去三角：偶数（中国）+ 奇数（5步）= 奇数

从中国出发走奇数步，必定不会落在偶数点上，所以可以首先去掉泰国、菲律宾、日本，因为不会有人在这些地方。

泰国	新加坡	韩国
越南	中国 ✈	马来西亚
菲律宾	印度尼西亚	日本

	新加坡	韩国
越南	中国 ✈	马来西亚
	印度尼西亚	

5去左下：（白色格）奇数+奇数（5步）= 偶数

	新加坡	韩国
越南	中国 ✈	马来西亚
	印度尼西亚	

因此白色格（奇数点）不会有人选择，可以拿掉越南和印度尼西亚。

	新加坡	韩国
	中国 ✈	马来西亚

4 去头顶：（灰色格）偶数＋偶数（4步）＝偶数
去除白色格（奇数点）的新加坡。

		韩国
	中国 ✈	马来西亚

3 留右边：（灰色格）偶数＋奇数（3步）＝奇数
依照以上口诀，按要求操作，必会停留在右边的马来西亚。

		马来西亚

第15招
魔王

子勋大师，我排好了。最后的牌面分别是 5、7、0、8。

5+7+0+8=20，我不想涉入土地投资纠纷，你数到第20张，自己看别告诉我。最重要的一件事是，找你的红颜知己去标这块土地，你知道的，我指的不是你的太太，切记！

18、19……第20张是红心K……

把5708乘以该张牌的点数，就是抢到这块土地最划算的价钱。我估计这件事结束后，你会有个大劫，如果标到土地后觉得我算得还行，再来找我解疑。

还有，别再来打扑克了，你玩得很烂……

谢谢大师指点……

Steven，什么看得这么专注？

在看直播吗？

我在看之前请你帮我调查的无良奸商赵应辉的录像。

喔，那个害死你学长 Martin、卖黑心食品、利用人头借贷让陈宏杰的父母背债的土兀集团老总赵应辉……话说回来，他后来标到土地了吗？

标到啦。赵董最后以算出来的金额 5708×13=74204，也就是 7 亿 4204 万的底标顺利得标。

之后他视我为神算贵人，他也在我精心设计的布局下，使自己的非法行为逐一曝光，如今相关部门已经开始调查。

独家

代抢媒体爆料
标一夫出征 杨姓女 赵低
调密友

NewTV

无耻！！土兀集团赵董涉嫌土地投资舞弊案

这个土地标案的魔术是怎么做到的啊？

? ? ?

说明

操作的时候，一定要先示范，从 10 倒数到 1，同时发 10 张牌，并且记得第 2 张牌。以我跟赵董的那局为例，就是要记住红心 K。

接下来把这叠牌盖起来，放到整副牌的最下方，再交给赵董。

要特别留意，这时整副牌的倒数第 9 张就是预言的那一张牌，切记不能再洗牌。

这是一个自动化魔术，只要依照这样操作，必定会出现你一开始偷记的那张红心K。

我们先分析其中一叠牌的情况：假设口中念10，发出的牌也刚好为10，这时这叠应该只有1张牌。

口中念9，发出的牌刚好为9，这时这叠应该有2张牌。

口中念8，发出的牌刚好为8，这时这叠应该有3张牌。

口中念7，发出的牌刚好为7，这时这叠应该有4张牌。

口中念6，发出的牌刚好为6，这时这叠应该有5张牌。

以此类推，假设口中念x，发出的牌刚好为x，这时这叠应该有多少张牌呢？

发现了吗？应该有$11-x$张牌。

我们总共需要发四叠牌，假设赵董分别停在a、b、c、d四个点数，依据刚刚思考的推论，桌上会有

$11-a+11-b+11-c+11-d=44-(a+b+c+d)$张牌，

这是第一阶段赵董会发掉的牌。

第二阶段我请赵董把点数加起来，也就是$(a+b+c+d)$，再请他发$(a+b+c+d)$张牌，所以赵董不论怎么玩，a、b、c、d不论是多少，都必须发掉。

$44-(a+b+c+d)+(a+b+c+d)=44$

这也是为什么我们必须记住倒数第9张牌，因为$52-44+1=9$，正数第44张就是倒数第9张。

原来是这样！

除爸，这一次多亏了你和王董的协助，才能够这么顺利地让赵董上钩，真是太谢谢你们了！

哈哈！别这么说，赶走无良的黑心企业是大家的责任。

让对方以为你很了解他
就能瞬间拉近彼此距离

上次魔数师Steven交给乘乘的资料，已经由乘乘转交给她的一位粉丝。这位粉丝是公路工程设计的专业人员，他对Martin出事地点的弯道数据进行了认真而细致的核对和计算。

起初，魔数师Steven从监控中看到Martin的摩托车打滑，人往外飞，怀疑是路面倾斜度不够。但经过实地考察和那位专业人员的计算分析，发现路面设计没有问题。魔数师Steven又根据行车记录仪的记录，结合相关知识，计算出Martin当时的车速只有30 km/h。既没有超速行驶，道路设计也没有问题，人却发生了意外，这其中肯定有蹊跷。

魔数师Steven经过进一步的调查分析，发现原因出在了弯道旁的建筑废材上。除爸通过一些关系了解到那条弯道旁边的建筑废材，是一个声名狼藉的建筑商留下的，而且这些散落路旁的建材、栈板、钢筋和电线已经导致了多起交通事故，造成多位路人伤亡。这个建筑商本来就名声不佳，近来更是因为其建造的大楼倒塌，导致居民死伤而臭名昭彰。实际上，他干的坏事还不止这些……

赵应辉，土兀集团的董事长，因为社会形象差而改了两次名，现在继续干着黑心勾当。他聘年轻人当董事和总经理，其实是利用人头借贷，卖完预售房则卷款潜逃。他的儿子使用化学药品制造食用油、奶油等黑心食品，还进口铅含量超标的廉价玩具，贩卖质量不合格的安全帽。

Martin 的摩托车就是撞到丢在路旁的建筑废材才打滑的，而他头上的安全帽是土兀集团的不合格产品，根本无法保护颈椎。学生陈宏杰的父母也是土兀集团烂尾房产的受害者，为了还钱，四处打零工还债，最终累倒在工地而造成意外死亡。Martin 的妈妈相信土兀集团大肆宣传的所谓健康食品，但是她不知道，这些食品添加了很多对人体有害的化学药品，会导致癌症或其他疾病。而这样的黑心老板却住着豪宅、开着名车，通过拆散一个个美好的家庭来换取奢华的享受。

最近，上流社会的宴会中出现了一位高深莫测的神秘人，他那高贵的气质和高傲的态度在宴会上非常吸引目光。考究的名牌西装、昂贵的名表、高级的眼镜、锃亮的皮鞋……他浑身上下都散发着贵族的气质，一举一动无不引起名媛贵妇、政商名流的关注。这个人是一个股票操盘手，大家都知道他的财富皆靠对股市、期货的精准预测而来，他有一项特殊本领，就是扑克神算。很多人都希望在饭局中认识他，求他给自己指点一下，但是那些能得到他指点的有缘人都是和他玩德州扑克的牌友。

那天，赵应辉递上名片，这位名叫子勋的大师敷衍地接过名片，连招呼都没打就转身离开。隔天在德州扑克牌局上，他们才算正式认识。赵应辉在牌局中输了二百多万，但是他并不在意，他的目的是和子勋结交，并希望有机会一睹扑克神算的精妙。

王董（曾经撕掉除爸的名片，现在是除爸的合作伙伴）知道赵董的目的，于是故意向子勋说："庄总，赵董今天学费也缴不少了，您就给赵董展示下扑克神算吧！"

子勋看王董的面子也不好推辞，就问赵董："赵董是做哪一行

的？有什么难题需要我算一算？"

赵董支开所有牌友，单独和子勋坐在牌桌前，小声说："我最近在竞标一块土地，但是不知道为什么，这次各路人马都来搅局，我本来以为十拿九稳，没想到一下子冒出这么多竞标的人。我很想拿下这块地，久闻大师神算灵验，可否帮我算一算这局该怎么玩，才能漂亮地拿下这块地。然后……"

子勋打断赵董，把扑克牌推向他说道："来，洗牌！"

计算出最划算的土地标价

赵董洗好牌后，子勋让他一边按照10、9、8、7……2、1的顺序倒数数，一边把牌翻开，若遇到口中数字和扑克牌的牌面相同就停下来。如果一直数到"1"也没有遇到数字与牌面相同的情况，就再拿一张牌盖住整叠牌。将上面的步骤重复四次，总共可得到四叠牌。

赵董照做，最后的排列结果如下图所示。四叠牌的最后一张分别是5、7、0、8。

子勋对赵董说："5+7+0+8=20，为了避免商业机密外泄，而且我也不愿涉入这种土地纠纷，你自己数到第20张，自己看！别告诉我，牌都是你洗你发的，看完就洗乱，千万别让别人知道。最重要的一件事，就是找一位你的红颜知己去竞标这块地，你知道的，我指的不是你的太太，切记！"

赵董对于子勋的细心非常敬佩，觉得子勋比自己还谨慎，于是便小心翼翼地数到第20张，自己看过后就把牌都洗乱了，那张牌是红心K。

子勋接着说："用5708乘以这张牌的点数，就是你可以抢到这块地最划算的价钱。我就帮你到这里了。这件事结束后，你还有个大劫要渡。如果你觉得我算得准，到时再找我解疑；如果不准，你也就无须再找我了。另外，别再打扑克了，你真的玩得很烂！"

赵董心中五味杂陈，这个年轻人很没礼貌，但是却有本事，姑且信他一回。如今还是先解决下周竞标的事情吧！

魔王变法大解密

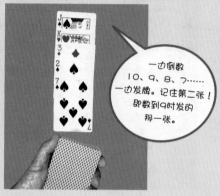

一边倒数
10、9、8、7……
一边发牌。记住第二张！
即数到9时发的
那一张。

故事中，子勋大师故意不看，其实他知道赵董必定会拿到这张牌。如果是变魔术，把牌交给观众时就可以写下预言"红心K"。

示范的时候，一定要从10倒数到1，确保你记的牌（这里图片是红心K）是在倒数第9张。

示范完之后，把那叠示范的牌盖起来，放到整副牌的最下方，交给观众。（这时整副牌的倒数第9张就是要预言的牌，不能再洗牌了，请观众开始操作。）

按照 10、9、8、7……
2、1 的顺序倒数，同步把牌
翻开。若遇到口中数字和扑
克牌牌面一样就停下来；如
果直到数到"1"也没有遇到
数字与牌面相同的情况，就
再拿一张牌盖住这叠牌，总
共需要排成四叠。

　　将每叠最后一张牌的牌面相加，若最
后一张是盖着的牌，就记为 0。得出四个
数字之和，然后发牌到该位置。

　　这是一个自动化魔术，只要按照要求操作，必定会出现你一开始偷
记的那张牌。（完整的数学原理可参阅 P234 "Steven 的魔术秘诀大公
开"中的说明。不过我建议你在阅读前，先自己思考一下其中的原理。）

　　注意，这个魔术有个问题，如果四叠都没数字，即都是以盖住的牌
结束，那么这个魔术便不再神奇！笔者的儿子在 11 岁时想出一个解决方
法：当发现前三叠都是 0 时，就告诉观众第四叠不需把牌打开，由他自
己选择停的位置，譬如数到 6 停下来，那这张就是 6，0+0+0+6 = 6，即
打开第 6 张。这样这个魔术仍然成立。

不是超能力
但能见证奇迹的

故布疑阵以智取胜

竞标那天，赵董一方报出7亿4204万（5708×13=74204）的标底，果然顺利中标。大家都夸赵董神机妙算，只比第二名竞争者多出4万元，真是太厉害了。只是这么大的买卖，派个小女生来投标，也太匪夷所思了，这件事很快就在业界传开。

随后，赵董开心地给子勋大师打电话道谢，并急切地询问大劫的事情。

魔数师Steven的电话响起，他淡定地接起电话说："恭喜赵董，几百亿的利润你只花7亿就拿到了，恭喜恭喜！"

隔天，赵董的私人招待所中佳肴满堂，美女环列，桌上更是堆满现金，赵董示意屋内的人全部离开，只剩他和大师两人。这时他说："我说庄总啊，咱们就不玩德州扑克了，您想拿多少就拿吧！我玩得烂就不赌了。倒是这个大劫，您可得给我指点指点！"

子勋生气地说："赵董，这些买你的大劫可太便宜了。这些钱，你还是收起来吧！我还真的不缺钱！我的财力不会输给你的，你也太小看我了吧！"

赵董听罢哈哈大笑，心想眼前的这个年轻人果然不同凡响，美女和金钱都无法引诱他，可见此人不贪，可以结交，于是赔笑道："庄总您别误会，您在企业界是个传奇人物，这些钱是让您打赏厨师等服务人员用的，您等一下别客气，给底下的人一些福利嘛！"

子勋微笑着说："好吧！言归正传。先说小劫，你在你儿子和老婆的账户里存了不少钱，现在可以默不动声色地把钱转到自己名下，别打草惊蛇，否则你遇到大劫就难防了。另外，派你儿子把食品工厂迁到其他地方，一方面是扩大市场壮大企业，另一方面是夺权，避免他和你老婆继续洗你的钱。"

"至于大劫嘛！"子勋停了一下接着说，"你必须找一个既不贪财，又可以完全信任的人帮助你。切记，这个人绝不能是用钱收买或可被收买的人，否则你大劫难逃。你找到这个人后就告诉我。"

赵董这下急了，他这种自私自利的家伙，身边根本没有这种人。他沉思了一下说："大师，就您了，这些事我不可能信任别人，您可以当这个人吗？"

子勋略显生气地说："我？这是什么要求！你开什么玩笑，我们非亲非故，帮你到这份儿上就已经很不错了，竟然还让我跑腿，你没搞错吧？"

赵董双手合十，虔诚求道："拜托了，大师！我只信任您啊！"

突然，子勋惊讶地看着他手上的佛珠说："这串佛珠你是从哪儿得来的？家父当年在异乡破产潦倒，幸得一位未曾谋面的同乡企业家的资助才东山再起，后来他亲手雕刻了一串佛珠，并通过当时的同乡会会长转赠给那位企业家。如果我没看错的话，这串佛珠就是家父当年亲手雕刻的，那些珠子上的佛

照我的神算去做，你就能趋吉避凶。

像是他一刀刀雕琢出来的。你不会就是我家的恩人吧？我找您好久了，难怪我的神算扑克牌告诉我近日将有贵人出现，没想到就是赵董。"

赵董先愣了一下，然后眼珠一转，便赶紧接着话茬说："这确实是一位故人送我的。不过我也没做什么！你知道的，钱嘛！我也就是有几个闲钱，有时帮帮人，我也不在意，早就忘了。因为这串佛珠很漂亮，而且不少企业家都信佛，我带着它既好看，又能和大家有共同话题，没想到这串佛珠背后还有这样一个故事。"

子勋的态度突然发生了一百八十度的大转变，他激动地说："没想到您是我们家的恩人。赵董，您的事只剩一个月了，最近我会帮您好好算算，给您铺一条康庄大道，让您无后顾之忧。"

回到家后，魔数师Steven倒了一杯威士忌，一饮而尽。杯中的两颗冰块相互碰撞，发出清脆的响声，仿佛在庆祝着什么。做生意贵在神秘和神速，这两点就是胜利的法宝。为什么这次土地竞标会有那么多人插手？为什么一定要让赵董的红颜知己去竞这个标？为什么佛珠会在赵董的手上？王董和除爸可是这件事的大功臣呢！

Steven的魔术秘诀大公开

安全速度和行车速度的计算以及
预言魔术的原理

车子过弯道时的安全速度与弯道的倾斜角、半径、摩擦力的相应关系

1. 在有摩擦阻力作用的实际路面做半径为 R 的转弯时，安全的行车速度应为多少？车子的速度过大时会向外侧偏离，此时地面对轮胎的静摩擦力应指向内侧；若车子以最大速度行驶，此时应为最大静摩擦力。

$$\Sigma F_y = 0 \rightarrow N \cos\theta = f_{s\,max} \sin\theta + mg = \mu N \sin\theta + mg$$

$$\therefore N = \frac{mg}{\cos\theta - \mu\sin\theta}$$

$$F_c = \Sigma F_x \rightarrow F_c = N\sin\theta + f_{s\,max}\cos\theta = N\sin\theta + \mu N\cos\theta$$

$$\therefore \frac{mv_{max}^2}{R} = N(\sin\theta + \mu\cos\theta) = \left(\frac{\sin\theta + \mu\cos\theta}{\cos\theta - \mu\sin\theta}\right)mg$$

$$\rightarrow v_{max} = \sqrt{\left(\frac{\sin\theta + \mu\cos\theta}{\cos\theta - \mu\sin\theta}\right)gR} = \sqrt{\left(\frac{\tan\theta + \mu}{1 - \mu\tan\theta}\right)gR}$$

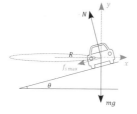
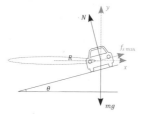

2. 车子的速度过小时会向内侧偏离，此时地面对轮胎的静摩擦力应指向外侧；若车子以最小速度行驶，此时应为最大静摩擦力。

$$\Sigma F_y = 0 \rightarrow mg = N\cos\theta + f_{s\,max}\sin\theta = N\cos\theta + \mu N\sin\theta$$

$$\therefore N = \frac{mg}{\cos\theta + \mu\sin\theta}$$

$$F_c = \Sigma F_x \rightarrow F_c = N\sin\theta - f_{s\,max}\cos\theta = N\sin\theta - \mu N\cos\theta$$

$$\therefore \frac{mv_{min}^2}{R} = N(\sin\theta - \mu\cos\theta) = \left(\frac{\sin\theta - \mu\cos\theta}{\cos\theta + \mu\sin\theta}\right)mg$$

$$\rightarrow v_{min} = \sqrt{\left(\frac{\sin\theta - \mu\cos\theta}{\cos\theta + \mu\sin\theta}\right)gR} = \sqrt{\left(\frac{\tan\theta - \mu}{1 + \mu\tan\theta}\right)gR}$$

∴由（1）（2）可得：$\sqrt{\dfrac{gR(\sin\theta-\mu\cos\theta)}{\cos\theta+\mu\sin\theta}}\leqslant v\leqslant\sqrt{\dfrac{gR(\sin\theta+\mu\cos\theta)}{\cos\theta-\mu\sin\theta}}$ 或 $\sqrt{\dfrac{gR(\tan\theta-\mu)}{1+\mu\tan\theta}}\leqslant$

$v\leqslant\sqrt{\dfrac{gR(\tan\theta+\mu)}{1-\mu\tan\theta}}$

利用相似三角形，求出影像中的行车速度

利用摄影机位置找寻摩托车挡住的明显目标物B、C。

由于行进路线线段ED与目标物之间的线段BC平行，

可得：$AD:AB=x:BC$

由此得出x的长度（行驶距离），再由摄影机中的时间记录得到时间，最后求得速度：距离÷时间=速度

预言魔术的原理

1. 思考

我们先思考一下其中一叠牌的情况：假设口中念10，发出的牌也刚好为10，这时这叠应该只有1张牌。

口中念9，发出的牌刚好为9，这时这叠应该有2张牌。

口中念8，发出的牌刚好为8，这时这叠应该有3张牌。

口中念7，发出的牌刚好为7，这时这叠应该有4张牌。

口中念6，发出的牌刚好为6，这时这叠应该有5张牌。

以此类推，假设口中念x，发出的牌刚好为x，这时这叠应该有多少张牌呢？发现了吗？应该有$11-x$张牌。

2. 推理

我们总共需要发四叠牌，假设分别停在a、b、c、d四个点数。根据前面的推论，我们得出：桌上有11 $a+11-b+11-c+11-d=44-(a+b+c+d)$张牌，这是第一阶段需要发掉的牌。

第二阶段我们请观众把点数加起来，也就是$(a+b+c+d)$，再请他发$(a+b+c+d)$张，所以观众不论怎么玩，a、b、c、d不论是多少，都必须发掉$44-(a+b+c+d)+(a+b+c+d)=44$张牌。

也就是说，所得结果44为定值，无论怎么玩都会发到第44张。这就是为什么我们必须记住倒数第9张牌，因为$52-44+1=9$，正数第44张也就是倒数第9张。

第16招

设计

Steven，你太厉害了！设计让无良商人赵应辉落网，但我还是不太理解，为什么要派赵应辉的红颜知己去投标？

我也想问问，为什么要我做那串特制的卫星定位佛珠呢？

先让红颜知己曝光，再请小加利用媒体大肆报道，加快他老婆争夺财产的行动，让赵应辉分心……

然后利用赵太太非常迷信这点，我请Sharon扮成塔罗牌大师，告诉她佛珠可以让老公回心转意，她花了三十万买一串佛珠，还觉得非常便宜呢！

除了掌握赵应辉的行踪，以及拿30万给阿减和小加去马来西亚当旅费外，佛珠还有一个作用，因为它是我设计的，世界上只有一串，我拿来说是自己父亲刻给恩人的，更让赵应辉相信我真心帮他……

真是高招！

Sharon准确推测出她老公的行踪，她看后大为惊叹，现在对塔罗牌大师只有尊敬和感激……

接下来就由我来接手吧！我已经写好多篇商品分析文章，通过我的博客持续曝光他们的黑心货……嘿嘿！

对了Steven，为什么你要让赵应辉把钱转到自己名下？

政府启动调查程序，就会把赵应辉所有的账户冻结。若他利用老婆和子女将钱转移，这些黑心钱就追不回来了。现在他全握在手里，只是方便最后一把火烧干净罢了。

我有一点不太懂……

恩人和佛珠这件事，如果他诚实地说是太太送给他的呢？

独家！ 知名品牌健康食品，疑使用违规化学药剂
专家：不吃还比较健康，吃多恐

黑心商品又一波 土元集团害人不浅
网友：抵...发起抵制或

大老婆的反击？

我会跟他说，这可能是老天爷要我帮你，一切皆是天意！
以他这么狡猾又急于求助的状态，他会利用话术顺水推舟的概率是极高的……

这一次能够顺利将赵应辉绳之以法，关键在于使用了设计魔术。

我紧急通知赵应辉，约他到机场会合，虽然我拿出了菲律宾、马来西亚、泰国三个国家的纸币，但赵应辉去马来西亚是由我控制的……

马来西亚法律严明，只要有毒品就能判他死刑，我早已在那里布好局，所以才会让小加去跑独家新闻。

嘿！我才不信你有这么神！

不相信？那我们来玩一个游戏吧！

我先在纸上写下一个预言，手上有三样物品，分别是笔、100元钞票和钥匙，请你选择其中两样物品并拿走。

我拿走钞票和笔。

请把比较喜欢的那件东西放在胸前，然后把另一件东西放下。

我把钞票放胸前，然后把笔放下。

你果然比较喜欢钞票，请把它放进你的口袋。

OK！把100元放进口袋。

这张是我在游戏开始前写下的预言。乘乘，麻烦你大声念给大家听。

我拿笔、你拿钥匙，口袋里是钞票……
唉唉唉！

这是数学和语言结合而成的魔术。

举两个例子：
第一个是乘乘拿笔和钥匙。我会说因为钞票是选剩的，我先收起来，并把钞票放到口袋，然后请乘乘拿一个物品放我手上。如果乘乘给我笔，我就自己打开预言并念出来；如果乘乘给我钥匙，就请乘乘打开预言并公布出来。不论哪一种情况，都完全符合预言的内容。
第二个是乘乘拿钞票和钥匙。我会继续说，把比较喜欢的那件东西放在胸前，把另一件东西放下。如果乘乘把钞票放下，钥匙在胸前，我会说乘乘果然选钥匙，请把钞票先放进口袋，然后我再打开预言念给大家听。

大家发现了吗？数学可以告诉我们选择的多样性，语言可以告诉我们选择的制约性。

这个魔术将语言与数学完美结合，能让大家感受到话语的强大魅力。

Steven好贼……
但太令人佩服了！

快把这招学起来！

除爸满脸疑惑地问魔数师Steven："为什么要派赵应辉的红颜知己去投标呢？"

"只是为了让他的红颜知己曝光，我请小加利用媒体大肆宣传，他的老婆知道后，就会加快争夺财产的动作，从而让赵应辉分心。"

阿减也问道："那为什么要我做那串特制的卫星定位佛珠呢？"

魔数师Steven推了推眼镜，认真地回答："有两个目的。第一，他的老婆非常迷信，我请Sharon扮成塔罗牌大师，告诉她佛珠可以让老公回心转意，她花了三十万买下佛珠还觉得便宜呢！另外，由于Sharon通过佛珠准确'推测'出她老公的行踪，让她惊叹不已，现在她对Sharon充满感激和尊敬。这件事真正的目的在于掌握赵应辉的行踪，以及拿三十万给阿减和小加当作去马来西亚的旅费。第二，这串佛珠是我设计的，世界上只有一串，我说这是我父亲亲手制作送给恩人的，更能让赵应辉相信我会真心帮他。"

乘乘说："接下来该我出场了吧？我已经写好多篇商品分析文章，准备在我的博客上持续曝光他们的黑心货。"

这时小加问道："为什么要让赵应辉把钱转到自己名下，这样做有什么目的？"

魔数师Steven回答："调查程序启动后，政府就会把赵应辉所有的账户冻结。若他利用老婆和孩子将钱转移，那么这些黑心钱就追不回来了。现在他把钱全握在手里，冻结起来就方便多啦！"

乘乘开口问道："我有一点不懂，对于恩人和佛珠这件事，如果他当时诚实地说佛珠是太太送给他的呢？"

魔数师Steven笑着回答："那我只需换一下说法即可，我可以告诉他，可能是老天爷要我帮你，一切皆是天意！不过以他这么狡猾，又急于求助的状态，他会顺着我的话说谎的概率是极高的。"

"有这种事？"乘乘将信将疑地问。

不可思议的心灵魔术

魔数师Steven在纸上写下几行字，然后对乘乘说："我事先写下一个预言。现在我手上有三样物品：一支笔、一张100元钞票和一把钥匙。请你选择两样物品并拿走。"

乘乘拿走了100元钞票和笔。

魔数师Steven接着说："把你比较喜欢的那件物品放在胸前，把另一件物品放下。"

于是乘乘把100元钞票放在胸前，把笔放下。

魔数师Steven哈哈一笑，说："你果然比较喜欢100元钞票，请把它放进你的口袋。"

乘乘根据指示把钞票放到了口袋里。

"现在请你打开那个预言，大声念给大家听。"

乘乘小心翼翼地打开预言，瞪大眼睛念道："我拿笔，你拿钥

匙，口袋里是钞票。"

　　大家大声惊呼，都觉得不可思议，纷纷央求魔数师 Steven 快点破解这个心灵魔术。

设计变法大解密

> 我拿笔
>
> 你拿钥匙
>
> 口袋里是钞票

这个预言中的"你"和"我"会因为读的人不同而有不同的指称。

范例一：乘乘拿走笔和钥匙

　　这时魔数师 Steven 会把钞票放进口袋，然后说："因为这个是选剩的，我先收起来，请你拿一件物品放在我手上。"

　　如果乘乘给了他笔，魔数师 Steven 就自己打开预言。（成功）

　　如果乘乘给了他钥匙，就请乘乘打开预言。（成功）

范例二：乘乘拿走钞票和钥匙

　　这时魔数师 Steven 会继续说："把你比较喜欢的那件物品放在胸前，然后把另一件物品放下。"

　　如果乘乘把钞票放下，把钥匙放在胸前，魔数师 Steven 就说："你果然选了钥匙，请把钞票先放进口袋。"

　　此时魔数师 Steven 自己打开预言。（成功）

　　大家可根据故事中的例子和上述两个范例进行模拟练习。

从缜密布局到完美收网

魔数师 Steven（子勋）告诉赵应辉，先订好去往各国的机票，先不要决定飞往哪里，也不要告诉任何人他想去哪里，包括魔数师 Steven（子勋）。

赵应辉这几天已经受到警方监视，因此一些现金和贵重物品不方便存储，于是他便把大量金条和钻石都放在魔数师 Steven 家的保险箱里，因为所有事情一一应验，赵应辉如今非常信任 Steven。而他不知道的是，这些事情从头到尾都是魔数师 Steven 一手安排的，包括竞标的竞争者、媒体爆料、警方追查，所有一切都是 Steven 设计的陷阱。

可事到如今，魔数师 Steven 的内心却陷入挣扎，要把他逼上绝路吗？还是要放过他？魔数师 Steven 的内心正上演着恶魔与天使的斗争！不过，当他再次翻看手机里和干妈的聊天，想起大家在她的告别仪式上的悲痛哀戚，想起自己最爱的女孩伤痛欲绝，想起学生宏杰成为孤儿，想起学长的车祸意外……他最终下定了决心。

魔数师 Steven 紧急通知赵应辉，赶快去机场会合，现在不走就来不及了。赵应辉带着数张机票赶往机场，Steven 已贴心地帮赵应辉备好了随身行李及各国钞票，赵应辉感动不已。然后，Steven 拿出三张不同国家的纸币，分别是菲律宾、马来西亚和泰国，要赵应辉任取两张。他取走了菲律宾和泰国的纸币……

魔数师 Steven 对他说："既然留下了马来西亚的钞票，那就去马来西亚吧！快走，等发布了通缉令，就走不了啦！您那些违章建筑、土地纠纷和黑心食品，足够您关好几年了。特别是大楼倒塌死了几个人，要脱身可不容易，快走吧！您存放在我保险箱里的东西我会去鉴定估价，帮您换成钱，找到落脚地后别告诉我，用通讯软件把账户发给我就行，我给您汇去。"

五个小时后，警方正式对赵应辉发布通缉令，但是赵应辉已经安全抵达马来西亚。魔数师Steven怎么会帮助这个大魔王？难道是为了钱？

飞机上，小加和阿减就坐在赵应辉的隔壁，小加一边拍照一边窃笑。一下飞机，赵应辉看到来自台湾的实时新闻，不禁面露微笑……不过，在领取行李时，他那张阴险的笑脸却变成了苦瓜脸！原来赵应辉身上的背包和行李箱里藏有假钞和毒品。这个设计感十足的行李箱，外壳夹层藏有海绵，海绵的缝隙里全是毒品，最外层以特殊的胶状物包覆。阿减十分了解这种胶状物的隔绝特性，因为那是他们实验室研制的新产品——超耐热防火胶。这种防火胶体积很小，并具有良好的弹性和阻隔性。如果不用仪器检测，很难看出破绽。

在阿减的专业知识的帮助下，小加做了一篇非常详尽的独家报道。此时国内舆论正在为赵应辉的潜逃而扼腕叹息，小加的这则报道如及时雨一般，大快人心！大家纷纷感慨，天网恢恢，疏而不漏，恶有恶报！"黑心商人潜逃脱罪，终在马来西亚落网！"斗大的新闻标题一直在小加公司的网络媒体上滚动播报，各家媒体也纷纷转载。某网友留言："国内有路你不走，马来无门闯进来。"

与此同时，有关部门开始全力调查土兀集团下属的食品公司。一旦查出黑心食品，则赵应辉的儿子也将面临牢狱之灾，甚至死刑！

直到这一刻，赵应辉才知道，这一切都是子勋大师布下的局！

赵应辉呆望着自己行李箱上的名牌，那是魔数师Steven亲手帮他别上去的。正面看上去是"土兀",从背面看却是"王八",这是子勋大师最后一次为他的集团测的字。

Steven的魔术秘诀大公开

三物强迫选择

"三物强迫选择"的预言十分精妙,看上去一切都是随机的,背后却暗藏玄机。它是数学和语言碰撞出的神奇火花。从三物中选两物,根据排列组合公式 C(3,2) = 3,可知共有3种选择。因此故事中出现的情形加上解密中举例的两种情形,包含了所有可能的情形。

换句话说,除了钞票,我手上的物品有两种可能性,只要把主客易位,刚好有两种组合,根据数学排列组合的知识,加上言语的诱导,我们就能对最后的结果进行预测。

如果有四种物品,如何迫使对方选择其中一个呢?

假设有A、B、C、D四种物品,想让他选到A物品。

先将其二等分,即请他拿走2个,即 C(4,2) = 6,所以共有6种情形。

但是我们的关注点在A,对我来说只有2种情形,一种是A在他手上,一种是A在我手上。

若A在他手上,请他最后做一个选择,选出其中一物。

若选A,我们就说:好!A是你的选择。

若选B,我们就说:好!A是你选择后留下的。

若A在我手上,我会说:好,现在我们剩下这两个物品,请帮我最后做一次选择。

若选A,我们就说:好!A是你最终的选择。

若选B,我们就说:好!A是你选择后留下的。

发现了吗?数学可以告诉我们选择的多样性,语言可以告诉我们选择的制约性。这个由语言与数学结合而成的神奇魔术,是否让你对说话艺术有更深层次的认识呢?

不是超能力
但能见证奇迹的

Note

第 17 招

骗数

哎呀！大家太客气了⋯⋯
怪害羞的⋯⋯

怎么了？
除爸！

Steven，我想做一件事，希望你能为我加油助威。

乘乘，从现在开始让我来照顾你！

我收集了100张0001号码牌，你是我的第一也是唯一，我想成为你的第一号工具人！

天啊！好浪漫！是我的话就嫁了！

讨厌啦⋯⋯怎么这么突然⋯⋯

那⋯⋯那个，我也要跟小加告白！
你在我心中是世界第一⋯⋯

心有灵犀的心理话术
借势用势完美收服人

这天，为了庆祝赵应辉成功落网，几个好友又聚在了一起。最近数学女孩 Sharon 和魔数师 Steven 出双入对，到处散发出耀眼而甜蜜的爱意，闪得大家想戴太阳镜。

乘乘打趣道："当老师真好，寒暑假都能黏在一起。"

数学女孩 Sharon 一脸无辜地说："才没有呢！他前几天消失了一整天，既不理我，也不说去哪里了。"

魔数师 Steven 推了一下眼镜，神情严肃地说："那天我去送机啦！送一个再也回不来的人。"

所有人都没有再问下去，因为大家都知道发生了什么事。他们知道，早在读研究生期间，Steven 就曾对抗过诈骗组织。他疾恶如仇，对待邪恶分子绝不心慈手软！

乘乘赶紧换了个话题，举杯笑道："感谢 Steven，让我的行李箱卖到断货。赵应辉的事件让这款行李箱也沾了光，人气居高不下。现在不少公司都来和我合作，订单多得接不完，工厂日夜赶工，都出现'黄牛'了！"

最近染了金发的阿减也举杯说："我也要感谢 Steven，那款新型防火胶经过媒体报道而引起了公司领导的重视，于是给我升职加薪，从下周起，我就是实验室主任了。"大家听后十分高兴，一起

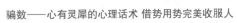
举杯祝贺阿减。

　　这时，小加握住魔数师Steven的手，举杯对他说："我也必须要感谢Steven，我能抢下独家新闻，当上主播，都是你的功劳。谢谢你常常到我的微博留言，偷偷当我铁粉，帮我打击那些攻击我的言论，我知道那个账号是你的。"

　　魔数师Steven害羞地挠着头说："没有啦！那个账号是我和阿减共享的！我负责编写评论，阿减负责搜集材料。哈哈，竟然被你发现了。"

　　除爸举杯先干为敬："谢谢Steven，我的工厂因为乘乘的行李箱而利润大增，你还教了我很多互动魔术，又把那块地从赵应辉那里转标到我和王董手上，让我的事业蒸蒸日上，我今天要做一件重大的事！"

　　除爸冷不防地亲了Steven一下，然后大声说："我要向乘乘告白！"

　　魔数师Steven一边擦脸，一边喊道："那你亲我干吗？"

　　这句话逗得大家哈哈大笑，只有乘乘惊讶地瞪着除爸，小声地说："你喝多了吧！"

　　除爸从口袋里掏出好多张号码牌，既有邮局和银行的，也有政府行政单位和餐厅的。除爸把它们放在桌上排好，竟然全部是0001号。除爸开口说："乘乘，你的便当我来买，你的起居我来照顾，你的货物我来送，你的一切我全包了，因为你是我的第一也是我的唯一。你曾说，追你的人领号码牌都不知道领到几号了。不管号码牌排到哪里，我都愿意等，愿意排。相信我，我愿意成为你的第一号工具人！"

好真诚的告白！现场所有人都深受感动，但乘乘似乎有难言之隐，只是红着眼眶，深深地低下了头。

魔数师 Steven 见状，赶快说："好浪漫啊！这根本不用排队嘛！肚皮舞只有你看过呀，我们才需要排队呢！"此话一出，逗得乘乘嘴角咧到了太阳穴。魔数师 Steven 就是有这样的魔力。

金发阿减也不知道什么时候戴上蓝色瞳孔放大镜片，并露出苦练数月的胸肌，对着小加说："你喜欢金发帅哥，我可以为你染发；你喜欢蓝色瞳孔，我可以为你戴上蓝色瞳孔眼镜。只有一件事我办不到，那就是……不喜欢你！"

小加露出少女初恋般的羞怯和喜悦，禁不住喊道："阿减你好帅哦！"

真心话大冒险的魔术上演

看到大家纷纷表白，魔数师 Steven 拿出扑克牌说："既然今天大家要玩真心话大冒险，那我们应该来玩一个游戏。"

魔数师 Steven 给每个人都发了四张牌。乘乘拿到四张 Q，除爸拿到四张K；小加拿到四张 A，阿减拿到四张J；Sharon 拿到四张 2，Steven 自己拿到四张 3。大家看到 Steven 把王牌都分给别人，自己和女友却拿了小小的 2 和 3，都觉得他很贴心。

Sharon 也露出了会心的笑容，因为全场只有她懂得其中的含义。2 和 3 是唯一一对连续的质数，而她拿到的 2 是所有质数中唯一的偶数，这代表着她是 Steven 的唯一。

魔数师 Steven 要求大家分散到各个角落，然后按照他的指令行事，而且互相不许看对方的牌。

Steven 对大家说："国王和皇后一组，A 咖主播和帅气王子一组，最特别的质数 2 和我一组。我们要玩一个缘分游戏，请大家背对背，专注于自己手上的牌。"

"先把四张牌的牌面朝上放在桌上，左手手心朝上。"

"下面请大家按照我的指令，以牌面朝上的方式把牌放到手上。预备，第一张，请挑一张花色顶端是尖角的牌，平放到手上。"

"第二张，挑一张花色是黑色的牌，放在第一张上面。"

"第三张，如果剩下的两张牌颜色不同，请放红色；如果剩下的两张牌颜色相同，请放花色顶端不是尖角的牌。"

"把最后一张牌放上去，然后把四张牌一起翻面拿在手上。"

后续步骤如下：

❶ 把最上面那张牌翻开。

❷ 任意切牌数次。

❸ 将第一张牌翻面。

❹ 将第一张和第二张牌一起翻面。（即拿着前两张牌一起翻面）

❺ 将第一张、第二张、第三张牌一起翻面。（即拿着前三张牌一起翻面）

接下来就是见证奇迹的时刻！

拿出手上那张和其他三张不同面的牌，放在自己的胸前。请大家从背对背转回面对面，然后打开胸前的牌，只要心有灵犀，那张牌的花色必定和对方一样。

这六人深情地看着对方，因为他们手中牌的花色都完全一致。

骗数变法大解密

只要按照以下步骤做，最后那张不同面的牌必定是红心。

把四张牌牌面朝上放在地面或桌上，左手手心朝上。

Ⓐ 第一张，请挑一张花色顶端是尖角(♠ ♦)的牌，平放到手上。

Ⓑ 第二张，挑一张花色是黑色的牌，放在第一张上面。

Ⓒ 第三张，如果剩下的两张牌颜色不同，请放红色；如果剩下的两张牌颜色相同，请放花色顶端不是尖角(♣ ♥)的牌。【注1】

Ⓓ 把最后一张牌放上去，然后把四张牌一起翻面拿在手上。

接下来的操作步骤如下：

❶ 把最上面的那张牌翻开。

❷ 任意切牌数次。

❸ 将第一张牌翻面。

❹ 将第一张和第二张牌一起翻面。（拿着前两张牌一起翻面）

❺ 将第一张、第二张、第三张牌一起翻面。（拿着前三张牌一起翻面）

最后一定有一张牌与其他牌不同面，那张牌就是红心。

注释

【注1】
这里不可能是梅花♣，因为第二张是黑色牌，根本不会有两张黑色的存在，所以第三张怎么选都是红心。

不能说的秘密

在甜蜜的背后，乘乘的几分忧愁让魔数师Steven挂心。回到屋里，Steven将自己的疑惑告诉了数学女孩Sharon。

Sharon吃惊地问："你不知道吗？乘乘是家里的独生女，曾与

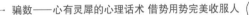
某豪门公子谈婚论嫁，后来她因车祸而导致不孕，就和当时是独生子的男友取消了婚约。她应该是顾虑到这些，所以才迟迟没有接受除爸吧！"

"哇！你好八卦喔！你是怎么知道这件事的？"

数学女孩 Sharon 一本正经地说道："乘乘很有钱，而且会开车，但是却没有买车。她看着那一张张编号为 0001 的卡片，显然很感动，却没有大方接受。她没有小孩，却经常在博客上分享孩子用品，从婴儿食品到科普丛书，什么商品都有，足见她十分关心孩子的安全和教育。我曾用统计的方式分析过她推荐的商品，发现其中的亲子用品比重高达 15.6%，而这些商品都和她的生活状况不符，因此很多人质疑是广告软文，反馈率也是她的介绍品项中最低的。可是她却乐此不疲，由此可以看出她很重视孩子。我后来查阅她以前的资料，发现她的前男友是五年前娶女明星的富二代，因为八卦杂志中提到过她，我才知道她出了车祸而导致不孕。"

Steven 佩服地说："看来你还是一名神探啊！这种问题到这里就不是数学女孩或数学男孩能解决的了。我们顶多告诉除爸这件事，然后衷心祝福有情人终成眷属。对了，我刚刚注意到你的眼睛有一点问题哦！请问令尊的职业是小偷吗？"

"你说什么东西啦！你才是小偷！"

"那为什么他可以把天上的星星摘下来放到你的眼中，希望以后孩子的眼睛一定要像你，别像我！"

Sharon 笑着说："哈哈！我才不会上当。我如果说对，就是承认要嫁给你，和你生小孩。你这个笨蛋，别想骗我两次。油嘴滑舌，哼！快说，你到底骗过几个女生？"

"唉！"Steven 叹了口气说，"最近好倒霉，赌什么都输给你；但其实我不服气，我是输在运气……"

Sharon 好奇地问："为什么？"

Steven 深情地说："因为我的好运都用光了，都用来遇见你、爱上你了。"

听到这句甜言蜜语，数学女孩 Sharon 突然感到心里暖暖的，脸不由得红了起来。

魔数师 Steven 继续说："你之所以会注意乘乘，也是因为吃醋吧！我曾告诉你，我想和乘乘交换礼物，乘乘又常常和我开玩笑，做出要亲我的样子。你会注意她，是不是因为这些啊？以后我会在举止方面多注意一些，一方面是在意你的感受，一方面也是顾虑除爸的感受。我和乘乘相识已久，我们是姐弟情深，相信你看得出来。我希望我们的孩子可以认她当干妈，她那么喜欢孩子，却又不能拥有自己的孩子，我很替她感到遗憾和难过，但我尊重你，你如果介意的话，我一定尊重你的意见！算了，当我没提，你既然会在意我对她好，我就不该提的！还是让小加和阿减的孩子给她当干儿子、干女儿吧。"

数学女孩 Sharon 急忙反驳说："我又没说不愿意，我们的小孩认她这个千金小姐当干妈可幸福了。我不会介意或吃醋啦！你也太小看我了吧。"

魔数师 Steven 得意地扬起头，嘴里重复说："我们的小孩，我们的小孩……"

数学女孩 Sharon 气得一边拿着抱枕敲他，一边喊道："吼！又要我……你这个笨蛋！"

同花色魔术完美分析

我们先思考红心的原来位置在哪里。

Ⓐ 第一张，请挑一张花色顶端是尖角(♠ ♦)的牌，平放到手上。

Ⓑ 第二张，挑一张花色是黑色的牌，放在第一张牌上。

Ⓒ 第三张，如果剩下的两张牌颜色不同，请放红色；如果剩下的两张牌颜色相同，请放花色顶端不是尖角(♣ ♥)的牌。

Ⓓ 把最后一张牌放上去，然后把四张牌一起翻面拿在手上。

用树状图分析如下图所示。

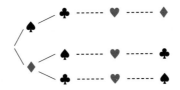

按照上述操作，在牌面朝下的状态，第三张牌为红心。

接下来我们把1、3视为同一组，2、4视为同一组。为什么把它们视为同一组呢？因为根据后续步骤，四张牌的翻面情况受奇偶数控制，一张牌的翻面情况会和自己间隔一张的牌一致。

现在我们将四张牌记为：

1

2

3

4

❶ 把第一张牌翻开，( )代表翻面。

(1)

$\overline{2}$

$\overline{3}$

$\overline{4}$

我也要学这个神奇的魔术！

❷ 任意切牌数次。

2　　<u>3</u>
<u>3</u>　　4
4　　(<u>1</u>)
(<u>1</u>)　2

4　　(<u>1</u>)
(<u>1</u>)　2
2　　<u>3</u>
<u>3</u>　　4

切牌后会是以上四种情形中的一种，第一张与第三张视为同一组，第二张与第四张视为同一组，自己同组的牌永远和自己隔一张。

❸ 将第一张牌翻面。

❹ 将第一张及第二张牌一起翻面。（拿着前两张牌一起翻面）

❺ 将第一张、第二张、第三张牌一起翻面。（拿着前三张牌一起翻面）

从这三个步骤中，我们可以得出以下结论：
第一张被翻3次（奇数次，与原来不同面）。
第二张被翻2次（偶数次，与原来同面）。
第三张被翻1次（奇数次，与原来不同面）。
第四张被翻0次（与原来同面）。

根据奇偶关系，我们发现，1与3会是一样的状态，2与4会是一样的状态，由于我们在前面已经使第3张牌（即红心）和第1张牌不同，因此最终的结果就是只有红心与其他三张牌不同面。

怎么会这样！
太不可思议了！

在看似没有规律的变化下，隐藏着始终不变的规律。这种神奇而妙不可言的数学魅力，您是否能够察觉到呢？

第18招
结局

成功了！太好了！

什么事成功了？Steven……

刚刚除爸发信息告诉我，他向乘乘求婚成功！

除爸用了我教他的"善意的谎言"魔术，租下大楼的广告电视墙，秀出25张出游的幸福照片，最后得出 520 的答案，并出现"乘乘我爱你！请你嫁给我……"等文字。

顺便一提，阿减和小加的好日子也近了，原本对于求婚不抱希望的阿减，以"拒绝的艺术"这个魔术为基础，加上特制的硬币道具，最终赢得了小加的芳心……

哇！好浪漫……

太好了，衷心地祝福他们……

就是说啊……最近大家经历了一连串事情，对的人终于都在一起了。

接下来就等着接大家的"红色炸弹"了……Sharon？

啜泣……

Sharon，你怎么了？身体不舒服吗？

首先，把扑克牌照着这个顺序排好才能抽牌。

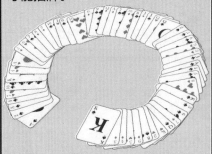

你抽好牌后，我会把那张牌的前一叠牌，放到整副牌的最下方，并趁机偷看底牌。

但是……你偷看到的那张牌并不是我抽到的牌，而是它的前一张……

通过对应的魔术口诀，我就能够计算出你抽到的牌了。
首先花色所代表的数字，可以参考"心电感应"魔术中提到的图案形状记忆法：一尖二凸三圆四角。

♠ = 1　　♥ = 2　　♣ = 3　　♦ = 4

底牌若是黑色：

❶点数＋花色＝观众点数

❷依据"3同6色9前K后"的方法判读花色：

1≤观众点数≤3，花色与底牌相同。

4≤观众点数≤6，花色与底牌颜色相同，但不是同一个花色。

7≤观众点数≤9，花色与底牌花色的前一个花色相同。

10≤观众点数≤K，花色与底牌花色的后一个花色相同。

底牌若是红色：

❶点数×3＋花色＝观众点数

❷依据"3同6色9前K"后的方法判读花色：

1≤观众点数≤3，花色与底牌相同。

4≤观众点数≤6，花色与底牌颜色相同，但不是同一个花色。

7≤观众点数≤9，花色与底牌花色的前一个花色相同。

10≤观众点数≤K，花色与底牌花色的前一个花色相同。

例如刚刚我偷看到的底牌是♠6。

❶6＋1（♠）＝7……点数

❷依据3同6色9前K后，（7）为前，（♠）的前为♦，于是就知道你抽到的牌是♦7。

Sharon，我们来试玩一下吧！如果底牌是红心9，抽到的是什么牌呢？

❶9×3＋2（♥）＝29≡3（mod 13）……点数

❷依据3同6色9前K后，（3）为同，（♥）的同为♥，正解是♥3。

我懂了……Steven，你真的很狡猾！

厉害！果然是数学女孩！如果底牌是梅花3呢？

❶3＋3（♣）＝6……点数

❷依据3同6色9前K后，（6）为色，（♣）的色为♠，答案是♠6。

没错！

彼此愿意为对方费心费力解决难题
就能成为相知相惜相守的人生伴侣

在顶楼，除爸抱着乘乘。他把手机开成扩音，望向对面大楼的广告电视墙，上面排出 25 张除爸和乘乘一起旅游的照片。特别的是，每张照片里都有一个数字，其中有电影票号码、车牌号、站牌号、门牌号等。

除爸对乘乘说："请你用五个坐标，选择其中五张照片。"照片上方的数字如下表。

75	98	66	87	109
89	112	80	101	123
93	116	84	105	127
117	140	108	129	151
86	109	77	98	120

乘乘用红黑 1~5 各五张牌当作坐标，选择出（1,1）、（2,3）、（5,4）、（3,5）、（4,2）五个坐标，念完这些数字后，电视墙上出现了她的选择。

		66		
				123
	116			
			129	
86				

266

随后那五个数字相加在一起得出：86+116+66+129+123=520。电视墙上随即现出一行文字："乘乘，我爱你！请你嫁给我！"

看到这些，乘乘既开心又感动，再加上想起自己以前的种种遭遇，禁不住流下了眼泪。

除爸抱住她，轻声说道："我有孩子，你可以接受吗？为了把全部的爱给孩子，我不要你再生小孩，我会不会太自私了？"这句话就像一支利箭，击碎了乘乘对于自己不孕的顾忌。尽管她对除爸有小孩这件事感到惊讶，但还是满心欢喜地抱住他，答应了他的求婚。

101大楼浪漫求婚

小加现在是台湾地区第一美女主播，号称"万人迷"，从9个月的小婴儿到99岁的老爷爷，没有人不喜欢她甜美而又正义的职业形象。阿减对于求婚完全没有把握。此时，他和小加正在101大楼顶层的高级餐厅用餐。从这里望去，城市的美景尽收眼底。窗外霓虹闪耀，车水马龙，餐厅内部十分安静，只听见红酒在杯中摇晃的声音。这种安静的气氛让阿减更加紧张。

阿减小心翼翼地拿出一枚硬币，显得有些激动，因为这次的赌注不是工作，而是幸运女神对于眼前女神的选择。硬币在空中翻滚数圈，落到阿减的左手背，他迅速将右手盖在上面，没有人知道那枚硬币到底是正还是反。

小加好奇地问："你在干吗？想和我玩抛十次硬币的魔术吗？Steven教过了，我知道喽！"

阿减深情地说："你现在是大家的梦中情人，追求者众多。我很害怕失去你，但又不敢给你任何压力，即使你以后有更好的选择，我也要成为你会记得一辈子的美好回忆。我刚刚向幸运女神发誓，如果抛十次都是正面的话，就勇敢地向你求婚，让你成为世界上第二幸运的人。"

小加不解地问："为什么是第二？"

阿减笑着回答："因为娶了你，我就成为世界上第一幸运的人了。"

小加害羞地低下头："贫嘴，学坏了你！"

阿减看着小加问道："我该打开吗？"

小加心里想，就算是反面，自己也会告诉阿减，本姑娘就是幸运女神，我说正面就是正面，然后把硬币翻过来。于是说："打开啊！勇敢一点好吗！"

阿减看着小加，然后坚定地挪开右手，果然是正面。要知道，连续十次正面的概率是 $\frac{1}{1024}$，这种近乎不可能的奇迹会出现吗？就在连续九次正面的情形下，他们俩盯着最后一次抛出的硬币……

这个奇迹如果真的发生，一定会成为一桩美丽的求婚佳话吧？看到此情此景，邻桌的人也跟着紧张起来！

最后打开的那一刹那，小加不可思议地盯着硬币，又抬头看着阿减，心想："莫非这真是上天的安排？"然后她紧紧地抱住阿减，两人在餐厅肆无忌惮地拥吻在一起。大家都认出小加是第一美女主播，无不鼓掌叫好，分享这份动人的喜悦。

牵了你的手，这辈子就不会再放开

这几天，魔数师 Steven 一直陪着数学女孩 Sharon，陪她重温和 Martin 的点点滴滴：陪她重游两人到过的地方，陪她吃两人吃过的美食，陪她解两人解过的数学题……

在花莲的玫瑰石前，数学女孩Sharon想起那天魔数师Steven伤痕累累的双手；想起在Martin母亲的告别仪式那天，Martin的父亲把戒指交给她，告诉她说："我的两个儿子都爱你，现在只剩下一个可以娶你，衷心希望你可以成为我的媳妇。"想到这里，眼中的泪珠夺眶而出，滑过她清秀的面庞，随风飘落在夜灯的光影下。魔数师Steven故意背对她，给她一点空间和时间来平复心情。

为了缓解Sharon的悲伤情绪，Steven提议说："亲爱的，我给你变一个魔术吧！你先帮我切牌。"

Sharon切完牌后，Steven让她任意抽选一张。这次，Steven没有像往常那样使用花式洗牌来炫技，只是简单地把牌放在玫瑰石上，然后用充满深情的目光看着Sharon说："是方块7！"

数学女孩Sharon惊讶地看着Steven，顺手把石台上的牌摊开，希望能看出其中的端倪……

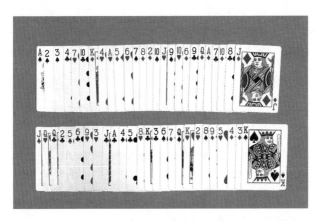

Sharon看了许久，却找不出任何规律！魔数师Steven满怀深情地说："用心的人才能看见，我在31岁时牵上你的手，这辈子就不会再放开了。"

结局变法大解密

求婚魔术总整理

1. 除爸使用的方法是第13招"善意的谎言"（详见P191）。由于这个魔术是Steven与Martin的母亲互动时使用的，并未教给其他人。为了帮助除爸，Steven就把这个魔术教给他，从而帮他完成浪漫求婚。

2. 阿减用的魔术是在第5招"拒绝的艺术"（详见P61）的基础上进一步增加了难度。想要实现这个近乎不可能的奇迹，就要借助道具。因此，这次魔术的关键不是数学原理，其真正的秘密在于硬币。阿减使用的是魔数师Steven加工过的魔术道具硬币。这种道具硬币的正面和反面都是一样的，这就是阿减受到幸运女神眷顾的奥秘。熟练的魔术师在操作的时候，可以利用手法轻而易举地交换硬币。当观众检查的时候，魔术师就会将道具硬币换成普通硬币，使观众无法察觉。

3. 魔数师Steven的独门扑克读心术

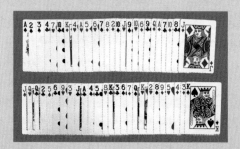

　　这是作者独创的扑克函数，任意切牌都不会乱，即使是一般的洗牌，只要不是采用均匀的对洗方式，观众想用抽取式洗牌法（印度式洗牌法），仍然可以有很高的成功率。
　　花色所代表的数字可以参考第8招"心电感应"（详见P101）提到的图案形状记忆法"一尖二凸三圆四角"来记忆。

♠=1　♥=2　♣=3　♦=4

底牌若是黑色：

点数+花色=观众点数

依据"3同6色9前K后"的方法判读花色。

1≤观众点数≤3，花色与底牌相同。

4≤观众点数≤6，花色与底牌颜色相同，但不是同一个花色。

7≤观众点数≤9，花色与底牌花色的前一个花色相同。

10≤观众点数≤K，花色与底牌花色的后一个花色相同。

底牌若是红色：

点数×3+花色=观众点数

依据"3同6色9前K后"的方法判读花色。

1≤观众点数≤3，花色与底牌相同。

4≤观众点数≤6，花色与底牌颜色相同，但不是同一个花色。

7≤观众点数≤9，花色与底牌花色的前一个花色相同。

10≤观众点数≤K，花色与底牌花色的后一个花色相同。

范例：

底牌为♠6：

❶ 6+1(♠)=7……点数

❷ 依据3同6色9前K后，（7）为前，（♠）的前为♦，得解为♦7。

底牌为♥9：

❶ 9×3+2(♥)=29≡3 (mod 13)……点数

❷ 依据3同6色9前K后，（3）为同，（♥）的同为♥，得解为♥3。

底牌为♣3：

❶ 3+3(♣)=6……点数

❷ 依据3同6色9前K后，（6）为色，（♣）的色为♠，得解为♠6。

底牌为♦2：

❶ 2×3+4(♦)=10……点数

❷ 依据3同6色9前K后，（10）为后，（♦）的后为♠，得解为♠10。

有情人终成眷属

乘乘问除爸，以前为什么没告诉她自己有小孩呢？原来，除爸所说的小孩就是宏杰，为了给这个孩子一个完整的家，除爸收养了他。听了事情的来龙去脉，乘乘才明白，除爸一定是知道自己不能怀孕的事才这样做的。这样体贴的举动与爱心，让乘乘无比感动，她更加笃定，除爸是值得她托付一生的伴侣。

在离开餐厅的路上，阿减牵起小加的手，把硬币放在她的手上，深情地说："我们俩之间没有秘密。不管多么困难，哪怕幸运女神不眷顾我，我也会用尽一切力量，把我最大的幸运留给你。"

数学女孩Sharon趁魔数师Steven收牌的时候，从背后抱住他，在他的耳边轻声说："嫁给我吧！"

Steven嘟嘴说："你还没有浪漫地向我求婚呢！"

Sharon笑着拿起5张扑克牌，撕成两半……

WILL

YOU

MARRY

ME(I DO)！

每一个字，念一个字母就拿下一张牌。（方法详见P47的"巧缘相印"魔术）

最后果然5张牌成双成对！数学女孩Sharon说："数学男孩，这是我跟你学的第一个数学魔术，我的表白厉害吧！可以嫁给我了吗？"

结局——彼此愿意为对方费心费力解决难题 就能成为相知相惜相守的人生伴侣

他们的对话只有他们两个人能懂……

之前数学女孩Sharon给魔数师Steven的谜题，就是当年数学系活动中Martin和她一起设计的题目。

她当时发出的求救信，就是把对Martin的思念移情在Steven身上，却又陷入自己背叛Martin而爱上魔数师Steven的矛盾中。魔数师Steven知道她的感受，一直告诉她愿意成为备胎的角色，全身心地去爱她、宠她。她已经确切感受到魔数师Steven的用心，但是她曾经答应Martin，今生只嫁给他。如今，善良又纯真的女孩没有违背诺言，因为是她向魔数师Steven求婚的……

数学女孩娶了数学男孩。

数学男孩不在乎世俗，只在乎数学女孩。

数学男孩嫁给了数学女孩！

Steven的魔术秘诀大公开

扑克牌函数大探秘

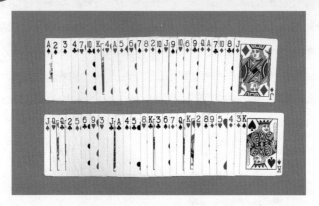

　　这个数学结构是以函数的形式表示，变量包含了数字与花色。其精彩之处在于，规律的函数公式可以连接不断。

　　公式的内容如"结局变法大解密"中（详见P 270）所示。在这里提供另一个函数形式，就是不论颜色都用同一个函数。

　　点数×2+花色=观众点数

　　依据"3同6色9前K后"的方法判读花色。

　　这样排列出来的也会循环，但是编码规律比较容易被破解。这里我只留给各位与之对应的牌序，其中的原理各位可以自行研究。大家还可以思考一下，是否还有其他的形式可以使牌面看似随机，却暗藏编码规律呢？

　　这个悬念就留给各位去慢慢发掘吧！在不久的将来，魔数师Steven的前传——数学小说《骗数》将会给您呈现另一番别具风味的数学面貌。再会！

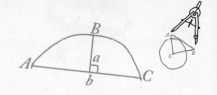

■后记

因为有你，才有价值与意义

深夜，一盏孤灯照亮房间的一隅，投射出我孤单的背影。

灯光下的我正与电脑为伴，忽然收到一则短信……

短信是把我推入这个梦想世界的林大编辑开富兄发来的。

文字简洁扼要，果然是文士风采。几个字就把关心、要求和提醒都表达清楚了："多休息，后天才截稿。"

我告诉他："哥，很有温度，也很有压力！哈哈！"

如果没有这位亦师亦友的大哥，这本独特的数学书就不会诞生。

所以，这本书的最大功臣不是我，而是我最应该感谢的编辑大人。

对于家人，我会把感谢放在心里。是他们，陪我一起忍受孤单，给予我生活和精神上的支持。没有家人的支持，我无法成就任何事情；没有家人的认同，一切荣耀也没有意义！我想把这本书献给我最爱的家人，因为有你们，才有我存在的价值与意义。

最后致上十二万分的谢意，敬谢那些为本书作序的从事数学教育和研究的教授们，以及持续分享并公开推荐本书的老师们。感谢各位一点一滴的恩惠与指导，我也乐意回到那盏灯下，和大家一起相伴前进！

我在这里还要特别感谢以下人士：

魔术表演理论指导——我的好友、知名魔术大师 刘谦

数学理论及文字校对——彰化师范大学中学数学教学研究中心特别助理 黄孟凡

MWM数学教师群——蔡惠娟、郭姿伶、梁桂祯、钱智勇、洪涌升、闵柏盛、吴冠霖、邱秀芬、简民峰、王婌妃、游宥杉、谢熹钤、张郁玲、陈怡君、林怡瑄、谢怡臻

台中市光德中学——张文铭主任

美女魔术师——魔法千金Yumi

最后，感谢帮助过我的每位好友、学生，以及每一位支持我的读者。

不是超能力
但能见证奇迹的

Σ

Note

$$\sqrt[m]{\dfrac{a}{b}} = \dfrac{\sqrt[m]{a}}{\sqrt[m]{b}}$$

bye